普通高等教育“十三五”规划教材

材料化学实验

陈万平　编著

化学工业出版社

·北京·

《材料化学实验》以无机化学和材料化学等课程为基础，收集、整理和设计了具有典型代表意义的32个实验。实验内容侧重于利用一些典型制备方法如高温固相法、水热法、微乳法、溶胶-凝胶法等来制备某些典型光、电、磁、热学材料和高分子材料。同时，本书还介绍了材料制备和处理时可能涉及的一些基本操作过程、相关仪器设备以及常用处理软件的简单应用。

本书可作为高等院校材料类专业本科生和研究生的实验教学用书，也可供相关化学和材料研究工作者参考。

图书在版编目（CIP）数据

材料化学实验/陈万平编著. —北京：化学工业出版社，2017.9（2023.3重印）
普通高等教育“十三五”规划教材
ISBN 978-7-122-30443-8

Ⅰ. ①材… Ⅱ. ①陈… Ⅲ. ①材料科学-应用化学-化学实验-高等学校-教材 Ⅳ. ①TB3-33

中国版本图书馆CIP数据核字（2017）第195844号

责任编辑：朱 理 杨 菁 闫 敏　　文字编辑：林 丹
责任校对：边 涛　　装帧设计：韩 飞

出版发行：化学工业出版社（北京市东城区青年湖南街13号 邮政编码100011）
印 装：北京七彩京通数码快印有限公司
787mm×1092mm 1/16 印张7¼ 字数170千字 2023年3月北京第1版第6次印刷

购书咨询：010-64518888　　售后服务：010-64518899
网 址：http：//www.cip.com.cn
凡购买本书，如有缺损质量问题，本社销售中心负责调换。

定 价：29.00元

前言

材料化学实验是材料化学理论知识的深化和补充，是材料化学专业的一门重要的实践课程。笔者根据专业教学的要求和一般本科院校的实际情况，在多年教学的基础上，编写了《材料化学实验》一书。

本书共5章，第1章简要叙述了材料化学实验的意义和重要性，并就实验课程的要求作了简单的说明。第2章对材料化学实验中涉及的基本仪器、相关操作以及一些基本理论作了简要介绍，便于学生熟练地开展后续实验内容。该部分知识主要针对材料化学先导课程中学生的薄弱环节，内容设计上既有对相关化学知识和操作的巩固提高，也有为强调在材料化学专业方面的应用而进行的相应扩充，同时适当增添了笔者在学习和教学中积累的某些实验技巧与方法。第3章选择设计了24个基础实验，实验内容以各种典型材料的制备、性能表征以及简单应用为主。该部分内容试图通过对实验主题的选择设计，让学生在实践过程中巩固基础理论知识，掌握材料的常用制备方法以及测试表征手段，促进学生对材料的设计合成和测试表征方面的深入了解，并提高实际动手能力和培养相应的化学素养。第4章是综合实验和实验设计部分，总共选编了8个实验。该部分希望使学生在实验参数调控、实验设计、数据处理以及材料器件化等方面有初步的涉足，以了解材料化学的丰富内容，提升学生的学科兴趣。第5章侧重于对材料研究中涉及的几个软件的简单介绍，试图让学生无须对相应软件进行深入学习而能快速地对实验数据进行初步处理，并完成晶体结构和化学结构式的绘制等工作。

本书材料的选编和设计不苛求全而广，力求适宜实用。

本书的出版得到了怀化学院出版基金的资助。

由于编著者水平有限，书中难免存在不足和疏漏之处，敬请读者批评指正。联系邮箱：cwp0918@163.com。

编著者

目录

第1章 绪论

1.1 材料化学实验的目的

材料化学既是材料学的一个重要分支又是化学的一个组成部分，其学科领域或者研究内容一直比较模糊。通常，材料化学被认为是研究材料的制备、组成、结构、性质及其应用的一门学科。学科内容主要包括材料在制备、使用过程中涉及的化学内容和材料性质的测量。单就材料化学与材料学的学科界限而言，英国学者 Anthony R. West 认为：材料化学主要涉及新材料的合成、材料结构的确定和物理性质的探求等过程；材料学主要涉及材料的加工与处理、结构描述、性能优化和测试以及材料在工业中的应用。美国学者 Brandley D. Fahlman 则把材料化学定义为，注重于了解组成材料的原子、离子或分子的空间排布情况与材料结构和物理性能之间的关系，其学科领域包括现有材料结构和性能的研究、新材料的合成与表征以及利用先进的计算技术对一些还没有制备出来的材料的结构和性能进行预测。本书编者个人更倾向于认为，材料化学是人们利用化学的知识和手段来设计、制备材料，用以调控或者获得材料的某种性能，使材料更好地满足实际的需要。这种性能的获得可以是源于已有材料性能的优化或者新合成材料的性能开发。因此，作为材料化学的一门重要的实践课程，材料化学实验应该通过开设相关的实验内容来帮助学生具备达到上述目的的相关知识、技能技巧以及思考问题的方法。

材料化学实验课是在基础化学实验课程之后的一门专业实验课。理论上，它应该是综合运用前期化学知识（理论知识和实践知识）和材料学知识开设的一门实践课程。课程内容应该涉及材料实验方案的设计，原料的计算、称量、混合，产物的制备、洗涤、分离、干燥以及性能测试与器件制作等各方面知识。材料化学实验课程应该通过这些基本实验内容的设置，加强对学生动手能力的培养，使他们对材料化学研究内容有更深的体会，对材料制备工艺、组成、结构与性能之间的相互关系及其规律有更深的认识，为今后的工作和学习步奠定良好的基础。

1.2 材料化学实验的基本要求

材料化学实验是为材料化学专业学生开设的一门重要的实践课。课程的开设基于已经开设了化学和材料学科相关的先导课程，要求学生在掌握相关化学知识和技能技巧的基础上，开展材料化学实验方面的相关学习和研究。因此，本课程对学生知识和能力等方面的要求既有继承性又有开拓性。对于新升的地方本科院校，在实验开设过程中，对学生提出如下四个方面的基本要求：安全要求、专业素养要求、团队合作要求和自主能动性要求。事实上，这是把专业意识和专业能力等培养目标作为一项基本的课程要求。

任何实验都要以保障人身安全为第一前提。实验室安全要求学生高度重视水、电以及药品等几个方面的安全问题，以此增进安全知识、强化安全意识。对于实验室用水来说，主要可能因为缺水和涨水两种情况而产生各种意外事件，甚至引发安全事故。例如，实验室停水时，打开的水龙头忘记及时关闭，夜晚来水后导致实验室涨水。对于实验室用电来说，一般在于线路老化、实验过程中不注意规范操作而引起漏电伤人、起火等问题。例如，利用恒温磁力搅拌器进行水浴加热时，个别学生容易犯的一个错误是，连接温度探测元件的导线与加热盘靠在了一起，导致导线烧焦而引发意外事故。对于实验室的化学药品来说，主要是在使用时要熟知药品的各种性状，包括有无毒性、腐蚀性、辐射性以及使用过程中是否有反应剧烈而导致爆炸的可能性等。同时，药品不能乱扔乱放。例如，常有学生因为操作不当导致液体药品溅到身体或者衣物上；也有学生对于撒落在实验桌上的药品处理不当甚至不处理，常常影响甚至危害后续做实验的同学。这些安全问题在实验过程中时有发生。因此，教师应该要求学生在做实验的时候严格要求自己，养成良好的习惯，消除安全隐患。

化学素养可以理解为在化学实验过程中所体现出来的或应该具备的化学知识、思维方式、科学态度和意识以及运用化学知识和方法解决问题的基本能力。材料化学实验基于化学的知识和方法来研究材料的相关问题。因此，相应的化学素养的高低对材料化学实验课程内容的实施效果起着非常重要的作用。在实验过程中，学生应该在举手投足之间体现出良好的实验习惯，体现出不同于非该专业学生应有的动手能力。例如，规范操作、严谨实验、详细真实记录、仔细观察以及逻辑思考等。其实，一些简单的实验或者实验的前期准备工作就能够反映一个学生是否具有良好的化学素养。例如，在溶胶-凝胶法制备钛酸钡过程中，由于实验过程中涉及液体试剂的移取、添加和混合搅拌等操作，实验中需要用到滴管和玻璃棒。有的学生往往把滴管和玻璃棒随手放在实验台的台面上。严格来说，这种习惯是操作错误，体现出学生的专业素养不够。假如某学生在实验之前，事先准备四个烧杯，排成一行，放在手能够方便拿到的地方。然后，把这些滴管和玻璃棒等放在第四个烧杯中，其他三个烧杯中分别装适量的蒸馏水。实验过程中，使用完的滴管或玻璃棒及时在三个烧杯中分别清洗一次，再把它放在第四个烧杯中。这样做不仅仅是规范操作的问题，还可以使整个实验过程井井有条。这样一个简单准备工作就能把其严谨的态度和规范的操作等良好专业素养自然地体现出来，这也是化学实验课程的一个基本操作。此外，是否穿实验服、实验服是否干净、实验服是否穿戴整齐、实验结束后相关器具是否洗刷干净并妥当放置、实验台是否打扫干净等，这些都能体现一个学生是否具备良好的专业素养。因此，实验过程中应该强调学生的规范操作，形成良好的实验习惯，培养良好的专业素养。

在化学素养这一方面，还需要强调一点的是关于实验现象的观察、记录以及思考的问题。实验过程中，学生应该认真观察，随时记录，并乐于思考。其中，实验记录是非常重要的，它不仅仅是一个实验习惯问题，还能体现学生的实验能力。实验过程中，很多学生往往是把书本上的数据和实验步骤照抄一遍，根本就不知道怎样做实验记录。实验记录是实验过程中的原始记录，是整理实验报告和撰写研究论文的根本依据。实验记录应遵循“真实、详细、及时”的原则。真实，就是根据自己的实验事实，真实地记录实验中的情况，绝不做任

何不符合实际的虚假记录。详细，就是要求对实验中的任何数据、现象以及实验操作中的各项内容做详细的记录，通常越详细越好。有些数据内容宁可在整理撰写实验报告时舍弃，也不要因为缺少数据而浪费大量的时间来重做实验。记录应该清楚、明白，不仅自己目前能看懂，而且在很久以后别人也能看懂，能按之以重复实验。及时，就是指要边做实验边记录，不要在实验结束后补做记录或以零散纸张暂时记载再誊抄。回忆或誊抄容易造成漏记和误记，影响实验结果的准确性和可靠程度。以试剂的添加为例，具体翔实的记录包括：试剂的生产厂家及生产日期，试剂的纯度，加入的数量，加入的方式，加入过程中所观察到的现象等。例如，在长余辉发光材料制备实验中，可能要求称量 0.0352g Eu_2O_3 原料。这是实验内容提供的一个一定掺杂浓度下的理论值，学生在实际称量过程中的实际称量值往往与这个理论值存在一定的偏差，例如实际称量时天平的读数是 0.0358g。因此，在实验记录纸上的数据记录应该是 0.0358g。但很多同学写的实验数据却是 0.0352g，这种做法是不正确的。又如，在用溶胶-凝胶法制备钛酸钡粉体材料时，部分同学往往只是简单记录了相关试剂的用量，根本不会去记录实验过程中的搅拌速度、搅拌时间、加热温度以及溶液颜色和状态的变化等情况。因此，教师应该通过严格的要求来培养学生观察、记录以及分析现象的习惯，提高他们这方面的能力。

在材料化学实验课中，部分实验都是安排 2～3 人一个小组来共同完成的，即通过团队合作完成实验。此外，由于时间和条件的限制，某些实验往往单凭个人很难完成，需要多人共同完成。在团队合作中，其一为分工，其二为合作。团队成员应该根据各自的优势和实验的特点，进行合理的分工，然后在分工中彼此配合、共同协作。因此，团队合作要求全体成员根据各自的情况对实验内容进行讨论、分工、协作，密切配合共同完成实验。然而，部分学生的表现往往没有达到团队合作的要求。常见的不良表现可概括为三个方面。其一，不存在分工，实验过程中往往是一个学生做实验，另外一个学生只是在旁边观看，或者仅仅做一些简单的实验记录；其二，虽有明确的分工，但实验实施过程中，彼此完全独立，不存在配合与协作，其效果与两个同学做两个独立实验一样；其三，分工不明确，实验过程中随意性比较大，往往顾此失彼，手忙脚乱，实验实施效果较差。

自主能动性是一种态度也是一种能力，要求学生有相应的知识水平，能够自我分析、判断，然后“大胆地”做出处理。实验中，自主能动性主要体现在两个方面。其一，学生积极热情地完成实验，获得知识的巩固和实践的锻炼；其二，学生在实验过程中有效地运用知识，对一些实验条件和参数进行自我调控，及时正确处理实验过程中的各种异常情况，有效完成实验。对于一些设计性实验或探索性实验，要求学生自己查资料，自己设计实验过程，自主能动性在实验过程中就显得更加重要。当然，日常实验中，学生自主能动性的体现不应该表现为改变实验的主要内容，只应该是对实验进行微调，使实验更好地进行，或自己更好地进行实验。例如，在沉淀法制备白炭黑实验中，最后进行白炭黑的洗涤干燥过程中，个别学生就能够想到利用乙醇洗涤产物以缩短干燥时间；又如，在学生自己设计实验制备约 2g 的 SrF_2（相对分子质量为 125.6168）粉体时，有些学生在计算过程中能够想到先确定 SrF_2 的物质的量为 0.016mol 来进行原料用量的计算（此时的理论产量为 2.010g），从而简化了计算的复杂程度。

第2章 实验仪器与基本操作

2.1 材料化学实验的基本过程与操作

一个材料化学实验的实施往往包括一些基本实验过程（操作），例如实验方案的设计，原料的计算、称量、混合，产物的洗涤、分离、干燥、性能表征以及相关器件的制作等。很多情况下，这些过程涉及化学知识的应用。因此，要求学生能够较好地掌握相关的化学知识，并结合材料实验的需要来开展实验。在该小节中，针对一些典型无机非金属材料和高分子材料的制备需要，结合一些常见问题，对某些基本操作（过程）如计算、称量、研磨、混合、分离和干燥等进行简单介绍，便于在后续实验教学过程中的应用。

2.1.1 计算

材料化学实验中的计算主要涉及两个方面。其一是在材料的设计准备过程中的一些计算；其二是实验过程中所用原材料用量的计算。此处主要介绍实验原材料的计算和数据处理等知识。

实验原材料数量的多少需要根据相应的化学反应方程式进行计算。在确定了所选用的原材料之后，可以先列出一个简单的能表明其相应的化学计量关系的反应表达式，依据此反应表达式来进行相关数据的计算处理。以制备长余辉发光材料 $SrAl_2O_4:xEu^{2+}, yDy^{3+}$ 为例。根据对应的化学表达式，可知这种材料的实际组成应该是 $Sr_{1-x-y}Eu_xDy_yAl_2O_4$（忽略价态不平衡带来的缺陷）。材料中包括 5 种化学元素，其中有 4 种需要人为选择引入。一般情况下利用 $SrCO_3$、Al_2O_3、Eu_2O_3 和 Dy_2O_3 作为原料，用 H_3BO_3 作为助熔剂，在还原性气氛下高温煅烧制备目标产物。由此可通过如下简单的表达式来表明其中的化学计量关系。

$$Sr_{1-x-y}Eu_xDy_yAl_2O_4 \longrightarrow (1-x-y)SrCO_3 + Al_2O_3 + x/2Eu_2O_3 + y/2Dy_2O_3$$

1	$1-x-y$	1	$x/2$	$y/2$
0.01	9.7×10^{-3}	0.01	5×10^{-5}	1×10^{-4}

通过列出上述反应表达式，可以清楚地看出所需原材料之间的数量（物质的量）关系。计算时，不需要考虑产生的 CO_2 的量，也无需考虑 Eu^{3+} 变成 Eu^{2+} 的情况，因为这些并不影响对要称量物质质量的计算。预计制备约 2g 产物时，产物的物质的量可以确定为 0.01mol，由此可算出所需原料对应的物质的量。利用相应原料的分子量，可以方便地获得所需要称取的原料的质量。例如，当取 $x=0.01$ 和 $y=0.02$ 时，计算可知需要 $SrCO_3$ 的质

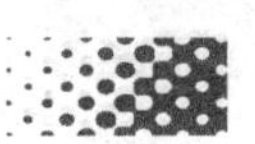

量为 1.4514g。同样，计算所需 Eu_2O_3 的质量为 0.0176g。计算过程中要注意，并不是严格规定产物的数量时，其物质的量的数值可以取一个特殊值。如上面取值为 0.01，这样便于原材料质量的计算。另外，分子量的计算可以在网络上下载一个分子量计算器，通过分子量计算器能够方便地得到相应化合物的分子量，并且其取值可以精确到小数点后四位数。例如，利用分子量计算器得 $SrCO_3$ 的相对分子质量为 147.6289。

2.1.2 有效数字与数据处理

实验过程中由于仪器设备的性能差异，所得数据的小数点后的数字位数存在较大的差异，需要遵循一定的原则对数据进行处理，这便涉及数据有效位数的处理问题。

一般来讲，对于测量所得到的数据，其有效数字是指某数据中所包含的所有数字，其中最后一位数字是可疑的不准确的估量值。有效数字可表明测量仪器的准确程度。例如，某电子天平的一次测量值为 1.4513g，则该数据包含 5 个有效数字，其中数字 3 是可疑的。由于该电子天平的实际分度值为 0.0001g，则上面数据的准确表示应该为 1.4513±0.0001g。有一点需要注意，即根据规则，第一个非零数字之前的 0 都不计作有效数字。因此，数据 0.0176 则只包含了 3 个有效数字。

通常，在有效数据的运算过程中，需要对各个数据进行适当处理后再进行运算。有效数字的处理要遵循“四舍六入五留双”的原则。“四舍六入”好理解，即小于 4 的数字就直接舍弃，大于 6 的数字舍弃后需要“进一位”。例如，数据 147.6289 需要保持四位有效数字时，第五位上需要舍弃的数字是 2。因为数字 2 小于 4，可以直接舍弃，处理后的数据为 147.6。如果需要保持五位有效数字，则需要舍弃的是第六位有效数字 8。由于数字 8 大于 6，则在舍弃的同时需要进一位数，处理后的数据应该是 147.63。“五留双”表明当要舍弃的数字为 5 时，舍和进的原则是要保证 5 之前的数字要为双数（偶数）。例如，对于数据 1.2345 和 1.2335 来说，如果要保留四位有效数字，则需要舍弃的是最后一位数字 5。然而，数据 1.2345 中数字 5 前面是偶数 4，因此处理该数据时要直接舍弃 5，处理后得到的数据为 1.234。但是数据 1.2335 中数字 5 前面是奇数 3，为了保证 5 前面的数字为双数，则在舍弃 5 的同时需要进一位数。因此，1.2335 处理后得到的数据也是 1.234。值得注意的是，如果 5 后面还有不为零的数字，则一律用“五入”来处理。

在系列数据的加减法运算中，首先要对单个数据进行有效位数的处理。处理时，应该以小数点后数字位数最少的那个数据为依据，按照“四舍六入五留双”的原则，保证所有数据的小数点后的数字位数一样多。例如，对于 1.4214＋147.63＋0.0176 这个运算来说，三个数据中第二个数据 147.63 的小数点后数字位数是最少（两个）的。因此，该系列数据要处理为 1.42＋147.63＋0.02＝149.07。

在系列数据的乘除法运算中，首先要对单个数据进行有效位数的处理。处理时，应该以有效数字最少的数据为依据，按照“四舍六入五留双”的原则，保证所有数据都具有一样多的有效数字。例如对于 1.4514×147.63×0.0176 这个运算来说，三个数据中第三个数据 0.0176 的有效数字最少（3 个）。因此，该系列数据要处理为 1.45×148×0.0176＝3.78。

上述计算中，加减法计算中的数据处理以绝对误差最大的数据为依据；而乘除法计算中的数据处理是以相对误差最大的数据为依据。

2.1.3 误差与偏差

误差是测量过程中测量值与真实值之间的差距大小。实验测试过程中，数据的测试因为仪器、环境以及个人因素的影响，测量值与真实值之间会存在一定的差距，这种差距就是误差。误差的大小表明了测量的准确度。误差可分为绝对误差和相对误差两种。

$$绝对误差=测量值-真实值$$

$$相对误差=绝对误差\div真实值\times100\%$$

然而，在很多测试过程中，真实值很难得到。当真实值无法知晓或者不存在的时候，可以通过多次测量获得一个平均值，然后衡量其中某次测量数据相对于平均值的偏离情况，这种偏离就是偏差。偏差的大小表明了测量的精密度。偏差可以分为绝对偏差与相对偏差：

$$绝对偏差=测量值-平均值$$

$$相对偏差=绝对偏差\div平均值\times100\%$$

2.1.4 称量

化学试剂的称量主要包括固体粉末样品的称取和液体样品的量取。由于样品状态的差异，取样的方式和所用到的器具并不相同。取样的方法在无机化学实验和有机化学实验等实验课程里面具有详细的说明。固体粉末样品主要是利用电子天平称取，相关说明在电子天平一节予以讲述，此处仅就液体样品量取做简单介绍。

实验过程中，对液体样品量取的准确度可能并不相同，因此可以分别用烧杯、量筒或者吸量管进行液体样品量取。图 2-1 为液体样品量取用的典型玻璃仪器。

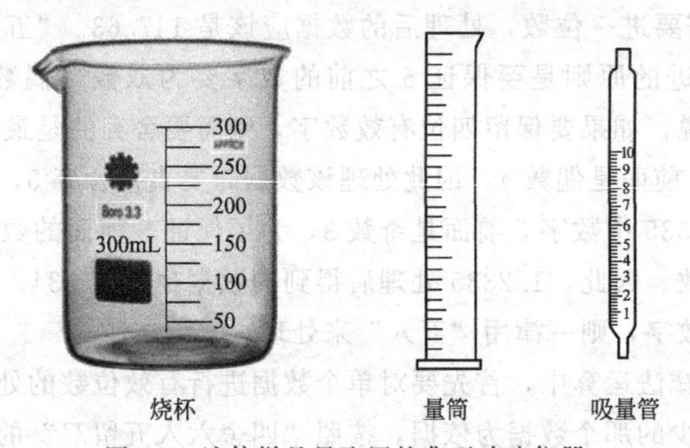

图 2-1　液体样品量取用的典型玻璃仪器

烧杯具有多种不同的型号（容积），主要用作有液体参与的反应，也可用作准确程度要求不高的大量液体的量取。例如，配制 500mL 浓度约为 3mol/mL 的稀硝酸溶液时，可以直接在 1000mL 烧杯中加入市售浓硝酸（浓度约为 16mol/L）约 22mL，然后缓慢加水稀释到 500mL，充分混合即得到了约 3mol/mL 的稀硝酸溶液。

吸量管是带有多刻度的玻璃管，用它可以吸取不同体积的溶液，主要用于少量液体的准确量取。实验中用得最多的应该是具有 1mL、2mL、5mL 和 10mL 等容积的吸量管。例如，在用反相微乳法制备纳米材料时，表面活性剂、助表面活性剂以及水溶液的移取就要用到吸量管。

量筒也具有多种不同的型号（容积），主要用于较为准确的量取数量较多的液体样品，

可以把量筒视作烧杯和吸量管两者的一个折中。量筒应该是玻璃量器中日常应用得最多的一种。用量筒量取液体时，最基本的规范操作有两点。其一，量筒应该放置在水平实验台上；其二，读数时应该使观察者的视线平行于液体凹面的最低处。

2.1.5 研磨

材料实验中，用来研磨原料的器具有瓷质研钵、玛瑙研钵以及球磨机三种类型。图 2-2 为实验室常用来研磨原料的两类研钵。瓷质研钵价格便宜，研钵内部比较粗糙，适合于学生群体使用。用瓷质研钵研磨颗粒状原料时，常由于研钵容积比较小而易于使原料撒落出来。研磨时，要把研钵放在实验桌上，研磨速度均匀，略用暗力。有些原料研磨时容易黏结在研钵内壁，需要及时用塑料片把原料刮下来，以便研磨均匀。

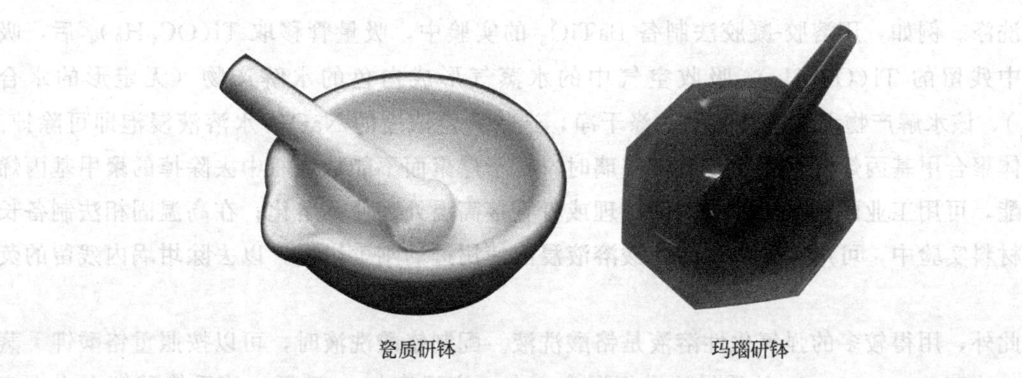

图 2-2 原料研磨常用的两类研钵

玛瑙研钵质地坚硬，内部光滑细腻，不易黏结药品，不易污染原料，也易于清洗。但是，玛瑙研钵价格远比瓷质研钵高。因此，一般只有研磨要求比较高时才采用玛瑙研钵。

球磨机是一种非人工的机械研磨设备。球磨机一般在研磨试剂质量多、研磨力度大的情况下使用。因此，球磨机更适合扩大生产或者工业生产的需要。对于小计量的材料实验，一般使用瓷质研钵或玛瑙研钵即可。

有时为了使原料研磨得更加均匀，或者为了避免样品研磨时飞溅出去，可以在试剂中滴加少许容易挥发的、不与原料反应的有机试剂如乙醇或丙酮，把原料做成泥状再研磨。例如在使用无水 $CaCl_2$ 作为原料时，由于它极容易吸潮，不便于研磨，因此研磨时可以适当滴加无水乙醇。

2.1.6 玻璃仪器的洗涤

材料实验中常用到的一些玻璃仪器主要包括试管、烧杯、圆底烧瓶、锥形瓶、量筒、容量瓶、吸量管等。这些玻璃仪器主要用于液体样品的盛装、存放和量取等。前面四个为容器类，可用于加热；后面两个为量器类，不能用于加热。图 2-3 为盛装液体样品的常用玻璃仪器。

对玻璃仪器可以采用水洗、洗涤剂洗以及特殊试剂洗涤几种方式来洗涤。一个洗涤干净的玻璃仪器，应该是玻璃内壁上不挂水珠的。对大多数玻璃仪器来说，只要选择大小和形状适宜的毛刷，用水或者洗涤剂就能基本洗刷干净。洗涤时一般采用“多次少量”的原则，即多洗几次，每次用水或洗涤剂的量不要过多，避免不必要的浪费。水洗时，每次倒入容器总

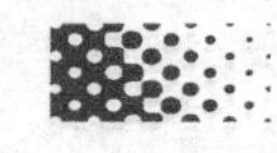

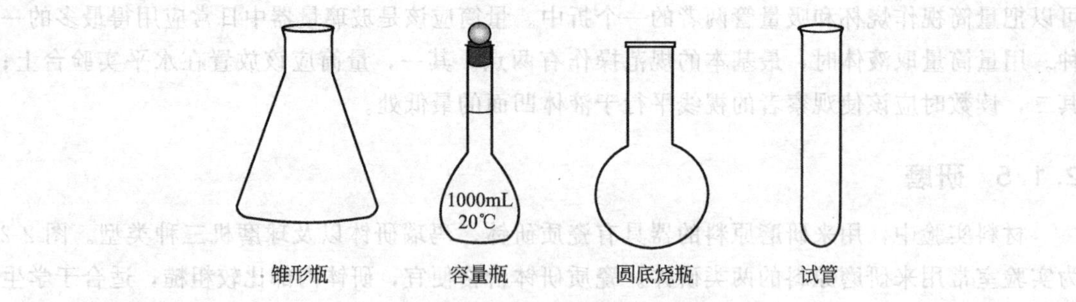

图 2-3 盛装液体样品的常用玻璃仪器

量 1/3 的水进行洗涤即可。有难以用水洗涤掉的有机物或油珠时，可以用乙醇或者工业丙酮洗涤。如果器皿里面附有较难洗的残余物，可利用无机酸、碱以及某些具有强氧化性的溶液进行洗涤。例如，用溶胶-凝胶法制备 $BaTiO_3$ 的实验中，吸量管移取 $Ti(OC_4H_9)_4$ 后，吸量管中残留的 $Ti(OC_4H_9)_4$ 吸收空气中的水蒸气形成白色的水解产物（无定形的水合 TiO_2），该水解产物无法用蒸馏水洗涤干净，选择一定浓度的 NaOH 水溶液浸泡即可除掉。在本体聚合甲基丙烯酸甲酯制备有机玻璃时，对于爆聚而不能从烧瓶中去除掉的聚甲基丙烯酸甲酯，可用工业丙酮长时间浸泡后处理或者直接高温处理使其熔化；在高温固相法制备长余辉材料实验中，可用一定浓度的硝酸溶液浸泡使用过的刚玉坩埚，以去除坩埚内残留的荧光粉。

此外，用得较多的强氧化性溶液是铬酸洗液。配制铬酸洗液时，可以按照重铬酸钾：蒸馏水：浓硫酸＝1：2：20 的质量比进行混合。在一定温度如 60℃下，使重铬酸钾在水中充分溶解，冷却后再边搅拌边慢慢加入浓硫酸，得到红褐色的混合溶液。利用铬酸洗液洗涤玻璃仪器时，最好能把易于去除的残余物去除掉，并把器皿干燥，加入洗液后浸泡一段时间。铬酸洗液氧化能力很强，使用时应注意不要弄到衣服和身体上，以免发生伤害。多次使用后，铬酸洗液会变成绿色，表明铬酸洗液失去了氧化能力而不能继续使用。

2.1.7 玻璃仪器的干燥

玻璃仪器如烧杯、试管和烧瓶等的干燥一般可采用倒置自然晾干、鼓风吹干以及加热烘干。不需急用的玻璃仪器可以洗涤干净后，在仪器架或仪器柜中倒置自然晾干。如需急用，洗涤干净后，可用无水乙醇等易挥发的有机试剂润洗一次，在吹热风或冷风的基础上，在气流烘干器上使其快速干燥（电吹风也可用于单件玻璃仪器的快速干燥）。短时间内难以干燥的玻璃仪器，可以放到恒温干燥箱内干燥。在恒温干燥箱内干燥前，应预先把器皿内的水倒干净，可以人工稍微用力甩干，避免残余水成股流到烘箱的加热元器件上损坏仪器。烘烤温度设置为在略高于水的沸点温度以上如 105℃即可。注意，作为计量用的玻璃仪器如量筒一般不能在烘箱中烘烤，以免影响量筒刻度的变化。

2.1.8 加热方式

材料实验室常用的加热方式主要包括水/油浴加热、电热套加热、恒温干燥箱加热以及高温电阻炉（马弗炉）加热等。图 2-4 为实验室常用到的三种类型加热仪器（设备）。

水浴加热一般用于对实验过程中的玻璃仪器进行加热，加热温度一般低于水的沸点

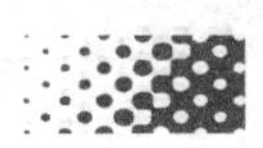

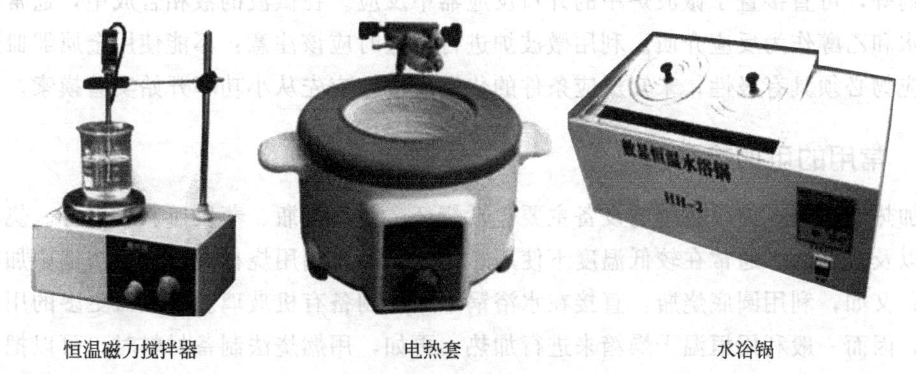

图 2-4 实验室常用加热仪器

100℃。水浴加热均匀，温度容易控制，适合于低沸点物质的加热。水浴加热时要注意如下几点：①使水浴液面略高于反应容器内的液面；②加热过程中注意水位高度，应及时添加水分；③与水反应或与对水敏感的试剂反应，应注意避免与水（蒸汽）接触；④如果加热温度接近100℃，可用沸水浴或者蒸汽浴；⑤如果加热温度要稍高于100℃，可选用适当的无机盐饱和水溶液作为加热介质。例如，NaCl饱和溶液的沸点温度为109℃，$CaCl_2$的饱和溶液沸点温度为180℃。实验室用于水浴加热的装置主要有恒温水浴锅，也可以用恒温磁力搅拌器。利用这些装置进行水浴加热前，一定要预先检查加热器件中是否有水，水位是否达到了相应的高度，避免缺水加热引发安全事故。

油浴加热，通过改变加热介质，可使所需加热温度高于水的沸点温度。油浴适宜温度为100～250℃。常用的油（有机物）主要有甘油（150℃以下）和液体石蜡（200℃以下）。植物油如菜籽油可以加热到220℃，使用时加入1%对苯二酚等抗氧化剂。硅油或真空泵油是目前实验室较为常用的油浴，它们的加热温度都可以达到250℃，并且热稳定性好、透明、安全。

除了利用水或者有机试剂作为传热介质，也可用空气作为传热介质。例如把容器放在石棉网上用酒精灯加热或用电炉加热都是利用热空气来传热的，它们是最简单的空气浴。实验室最常用的空气浴加热装置是电热套。电热套加热可实现高强度快速对目标物进行加热。电热套一般可以加热至400℃，并且具有效率高、不容易引起着火等优点。

恒温干燥箱更多的是用于干燥玻璃仪器或材料的干燥，而不是用于反应加热。不过，水热反应通常是把水热反应釜放在恒温干燥箱中进行的。高温电阻炉是最常用的固相反应加热方式，其加热温度较高，可达几百度甚至上千度。微波加热是利用0.3～300GHz之间的电磁波来进行加热的。微波加热意味着将微波电磁能转变为热能，其能量是通过空间或媒质以电磁波形式来传递的，对物质的加热过程与物质内部分子的极化有着密切的关系。当介质材料放入微波场中后，介质材料中新形成的偶极子或原有的偶极子，在高频交变电磁场中发生重排，产生类似于摩擦的作用，从而把微波能转变为大量的热能。只有对微波具有吸收作用的物质才会被微波加热，所以微波加热具有很好的选择性。由于微波加热是体加热，有别于传统由表及里的加热方式，微波加热时物质加热升温的速率很快，并且加热效率高。微波加热安全、卫生、无污染，具有很强的杀菌作用。实验室中微波合成一般在家用微波炉或经改装的微波炉中进行，现在已经有专用的微波化学反应仪器。一般用不吸收微波的玻璃仪器或者聚四氟乙烯作微波加热的反应容器。对于无挥发性的反应体系，包括反应物、产物、溶剂和催化剂等，可直接置于微波炉中的开口反应器中反应。在微波的液相合成中，通常以极性溶剂如水和乙醇作为反应介质。利用微波炉进行实验时应该注意：不能使用金属器皿进行加热；反应物必须具有极性；未知反应条件的化学反应，应先从小功率开始实验摸索。

2.1.9 常用的可加热器皿

在加热设备上（内）使用的设备主要包括烧杯、圆底烧瓶、蒸发皿、坩埚等。烧杯、圆底烧瓶以及蒸发皿等通常在较低温度下使用。例如，可以利用烧杯直接在水浴锅中加热合成白炭黑；又如，利用圆底烧瓶，直接在水浴锅中加热制备有机玻璃。蒸发皿更多的用于产物的干燥，因而一般利用恒温干燥箱来进行加热；再如，用燃烧法制备材料时，可以把原料直接放在蒸发皿中，在电阻炉中加热以使反应进行。图 2-5 为实验室常用来干燥或煅烧样品的耐高温器皿。

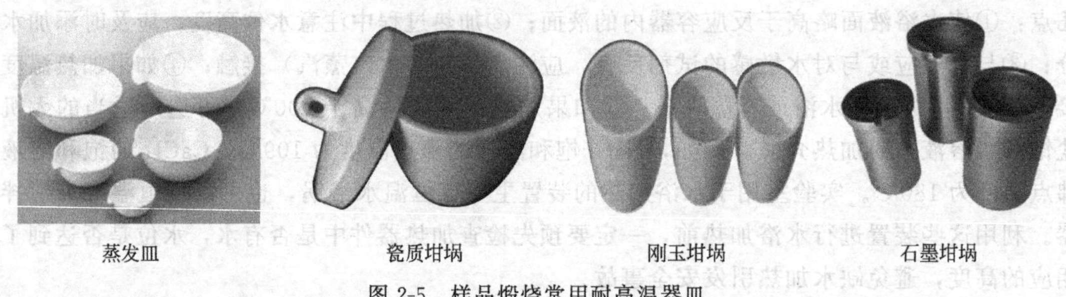

图 2-5　样品煅烧常用耐高温器皿

坩埚一般在较高的温度下使用，通常在电阻炉中直接加热。根据材质的不同，坩埚可分为瓷坩埚、刚玉坩埚以及石墨坩埚等类型。瓷坩埚的使用温度较低，且不耐苛性碱和碳酸钠的腐蚀。普通磁坩埚在煅烧温度达到 800℃以上时，如果长时间煅烧，其表层的釉质就会熔化。刚玉坩埚为氧化铝含量超过 95％以上的坩埚，具有较好的耐酸碱腐蚀性，并且具有良好的高温绝缘性和机械强度。刚玉坩埚能承受的最高煅烧温度与氧化铝的含量有关。氧化铝含量越高，坩埚所承受的煅烧温度越高。常用的刚玉坩埚（氧化铝含量约为 99％）所承受的最高煅烧温度可超过 1600℃。石墨坩埚耐温高，不易和易烧结的物质反应，但必须在真空或者还原气氛下使用，否则高温很容易被氧化。此外，价格上石墨坩埚也比较贵。材料化学实验中，用得最多的是刚玉坩埚。例如，高温固相法制备长余辉材料时，一般用刚玉坩埚作为反应容器；溶胶-凝胶法制备钛酸钡时，所得干凝胶的煅烧也可在刚玉坩埚中进行，如果煅烧的温度不高，也可在瓷坩埚进行。

2.1.10 固液混合物的分离

在材料化学实验中，液相反应中得到的产物需要被分离出来，有些固体产物也需要进一步洗涤以除掉杂相。因此，固液混合物的分离也是一项常规的基本操作。根据混合物中固体粒子的尺寸大小以及数量的多少，可以选择不同的分离方法。如果固体粒子较大，在溶液中易于沉淀，可以通过简单的静置和直接倾倒加以分离。材料实验室中常用的分离装置主要有普通（常压）过滤分离、抽滤（减压）分离以及电动离心分离等。

普通过滤分离具有器具简单易得、操作方便等优点。过滤分离只需要利用一张滤纸、一个普通玻璃漏斗以及一个铁架台即可进行。常用于少量的、易于分离的固体和液体混合物的

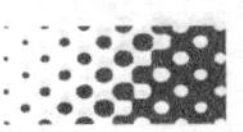

分离。

抽滤（减压）装置包括抽滤（吸滤）瓶、布氏漏斗和水泵（或真空泵）等几个部分，如图 2-6 所示。通过水泵的工作，使抽滤瓶中产生负压，从而加速固液混合物的分离。因此，分离的量比较多，固体粒子的尺寸可以比较小。采用普通过滤装置难以分离时，可以采用抽滤装置进行抽滤（减压）分离。但是，混合物中固体粒子的粒径不宜太小，否则可能堵塞滤纸的空隙使固液混合物无法分离，而吸滤瓶内又产生过高的负压导致水泵损坏。例如，在用沉淀法制备白炭黑的时候，因为产物是细小的无定形 SiO_2 水合物，抽滤分离所需要的时间太长，一般不建议采用抽滤来进行分离洗涤。

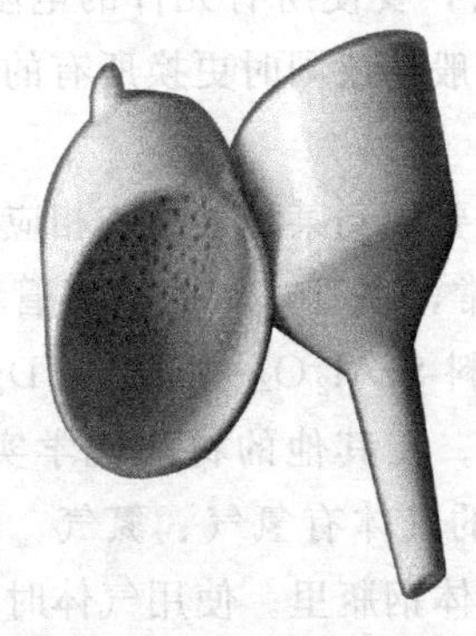

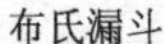

布氏漏斗　　循环水真空泵　　抽滤瓶

图 2-6　抽滤（减压）装置的主要部件

2.2　高温电阻炉的简介与使用

电阻炉是利用电流使炉内电热元件或加热介质发热，从而对物料加热的工业炉。依据外观形状，电阻炉可分为箱式炉和管式炉等类型，如图 2-7 所示。箱式炉的外形像四方的箱子，通常具有一个较大的炉膛，可以用来放置各种待加热材料。管式炉是在炉子中部穿插了一个耐高温的管子如刚玉管（直径一般在 10cm 左右）。管式炉的优势在于能很好地控制管内的气氛。电阻炉的组成一般包括炉体（加热部分）和温度控制器（控温部分）两个部分。炉体中有两个重要的组件即电热元件和测温元件。电热元件一般为硅碳棒（最高加热温度不超过 1400℃）和硅钼棒（最高加热温度可达 1600℃）。硅碳棒的电阻在热时比冷时要小，因此加热速度不宜过快，避免温度升高后电流过大，超过容许值。硅钼棒在低温 400～700℃

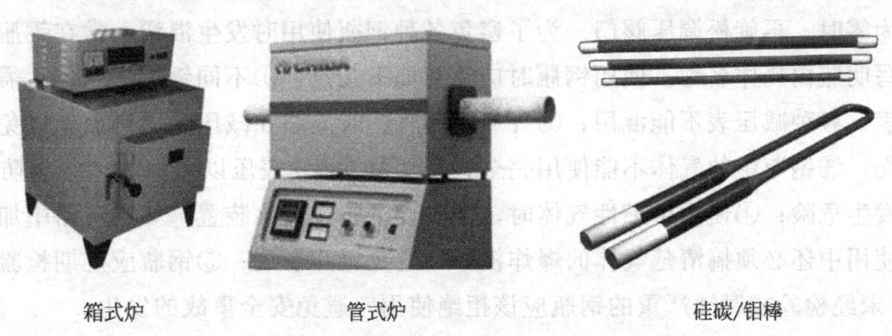

图 2-7　电阻炉和加热元件

时易于氧化，因此不宜低温下长时间使用，此温度下使用要避免打开炉门，以免损坏硅钼棒。测温元件为热电偶，其材质一般为镍-镍铬合金热电偶（测量温度从室温到约1000℃）和铂-铂铑合金热电偶（测量温度从室温到约1600℃）。

在使用电阻炉时需要注意几点：①使用前需要仔细阅读说明书，熟悉炉子的结构和各种按键功能；②炉子高温过程中原则上不能打开炉门，避免冷空气进入炉体内而损坏加热元件或炉膛；③炉子刚开始加热时电流不宜过大。此外，使用过程中发现炉子不能加热，其原因常常可能是加热元件断裂或者是控温部分（温控箱）的保险熔断，可以首先自我排查。如果电阻炉使用时间太久，加热元件（氧化）电阻过大，加热电流太小，可能导致长时间也无法加热到所需的温度，此时可以更换加热元件。更换加热元件时，要使所有元件的电阻较小，并且它们的电阻值相差越小越好。因此，更换加热元件时，一般建议同时更换所有的加热元件，这样可使炉内温度梯度小，加热元件也不易损坏。

管式炉的使用要求更好地控制高温下的反应气氛，因此需要用到某种气体和相应的装气钢瓶。可见，装气钢瓶也可视作管式炉的一个重要部分。通常，在管式炉的刚玉管中通入 H_2 或者 CO 为特定反应提供还原气氛。例如，制备长余辉材料 $SrAl_2O_4$：Eu^{2+}，Dy^{3+} 时，需要提供还原性气氛使原料中的 Eu^{3+} 还原为产物中的 Eu^{2+}。在其他的材料化学实验中，有时也需要提供其他的气氛环境。材料实验室中，最常用到的气体有氢气、氮气、二氧化碳、氩气以及氨气等。这些气体都是经过高压盛装在相应的气体钢瓶里。使用气体时，气体钢瓶需要与减压表配合使用，如图2-8所示。

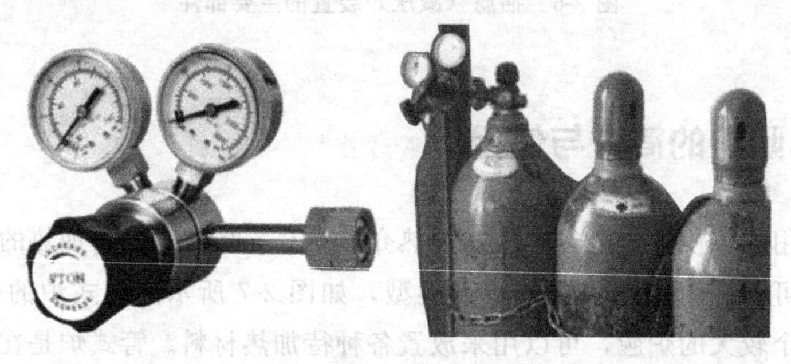

图2-8　减压表和气体钢瓶

减压表由指示钢瓶压力的总压力表，控制压力的减压阀和减压后的分压表三部分组成。使用时，把减压表与钢瓶连接好，将减压表的调压阀旋到最松的位置即关闭状态，打开钢瓶总气阀，总压表显示瓶内气体总压。可用肥皂水检查各接口处是否漏气，气密性较好的情况下缓慢拧紧调压阀门，使气体输出。使用完毕，首先拧紧钢瓶总阀门，待总压力表与分压力表均显示为零时，再旋松调压阀门。为了避免各种钢瓶使用时发生混淆，常在钢瓶上涂上不同颜色，写明瓶内气体名称。使用钢瓶时应注意如下几点：①不同钢瓶（气体）需要使用不同的加压表，各种减压表不能混用；②开启钢瓶气门时要站在减压表的侧面，以免减压表脱落而被击伤；③钢瓶中的气体不能使用完全，应预留0.5%表压以上的气体，以防止重新灌装气体时发生危险；④使用可燃性气体时，需要设置防止回火装置，如在管路中加液封起保护作用，使用中还必须搞清楚气体的爆炸极限，避免爆炸事故；⑤钢瓶应定期检验（一般三年一次），未经检验或腐蚀严重的钢瓶应该拒绝使用，避免安全事故的发生。

任何一个仪器或设备，在使用前一定要认真阅读其说明书，了解其构造和原理，熟悉相

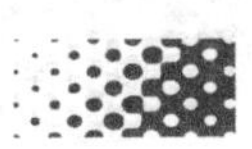

应的操作规程。日常使用时，电阻炉主要注意两个方面，其一，了解炉子的最高煅烧温度（上限温度），煅烧时不能超过其最高煅烧温度，长时间煅烧至少低于上限温度 50～100℃；其二，熟悉对应温控表的程序设置，正确设置好煅烧程序。

2.3 电热恒温干燥箱的简介与使用

电热恒温干燥箱是实验室最常用的干燥设备，一般使用温度不超过 300℃，更多的是在 200℃以下使用。普通的恒温干燥箱是利用于燥箱底部的电阻丝进行加热，有的会在旁边加一个电动鼓风机。鼓风的作用是促进热空气的对流，使箱内温度保持均衡，并且便于带走待干燥物体的挥发物。此外，实验室用得较多的电热恒温干燥箱是真空干燥箱。真空干燥箱既可以在一定温度下恒温干燥，还可以获得一定的真空度，以利于物质在较低的温度下干燥，并且可以保护物质在设定温度下不与空气中的组分发生反应。

电热恒温干燥箱在使用时应注意：①使用前检查电源、各调节器旋转的位置；②不能将含有大量水分的仪器和物质放进箱内；③易燃、易爆、强腐蚀性等物质不得放入烘箱内烘干；④使用温度不得超过烘箱使用的规定温度；⑤物料撒落在箱内时，必须及时打扫干净。

材料化学实验中，电热恒温干燥箱的作用主要体现在两个方面。其一，用于玻璃仪器和某些产物的干燥。例如，直接沉淀法制备的白炭黑，均匀沉淀法制备 ZnO 的中间产物 $Zn_5(OH)_6(CO_3)_2$ 等。其二，为某些材料的制备提供一个低温环境。例如，把水热反应釜放置在恒温干燥箱中来完成中低温水热反应；又如，制备有机玻璃时，其二次聚合可以放置在恒温干燥箱中来完成。

以北京中兴伟业仪器有限公司的中兴 101A 型电热鼓风干燥箱（图 2-9）为例，简单说明操作过程。操作过程：①把要加热物品放置在箱内的槅板上；②接通电源，打开干燥箱电源开关，仪表上排显示工作温度，下排显示设定温度；③按 SET 键，上排显示厂方预设的提示符，按△▽键来设置所需的温度；④按 SET 键，确认设置，OUT 指示灯亮，指示工作状态；⑤打开鼓风开关；⑥干燥完后，关闭鼓风开关，关闭电源开关。

图 2-9 中兴 101A 型电热鼓风干燥箱

2.4 真空泵的简介与使用

材料实验过程中，常需要某种程度的真空环境。例如，为了促进固液混合物分离进行的减压抽滤，为了促进产物干燥而进行的真空干燥，为了避免电子束与空气组分作用而给电镜提供的高真空环境等。实验室用的抽真空设备主要有循环水真空泵和真空油泵两种类型，如图 2-10 所示。

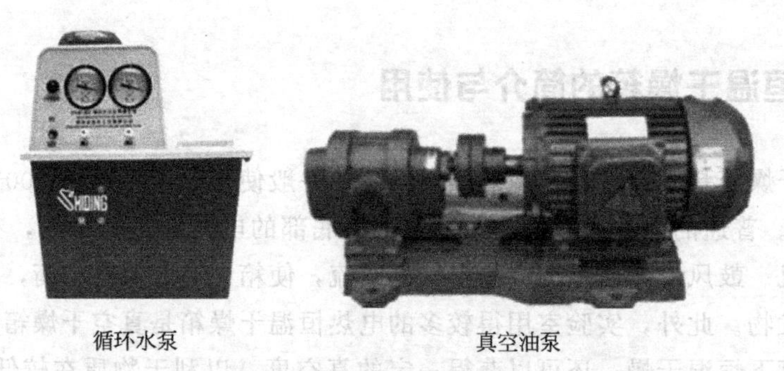

图 2-10 实验室常用真空泵

实验过程中所需的真空（减压）程度不高时，利用循环水真空泵就可以达到要求。很多材料实验中，对产物进行洗涤分离时，一般采用抽滤装置进行处理，常用到的就是循环水（真空）泵。循环水泵所能达到的最小压力（真空度）为当时室温下的水蒸气压力。例如，水温为 30℃时，水蒸气的压力约为 4.2kPa。利用水泵进行减压抽滤时，常需要与安全瓶配合使用，以防止水的倒吸。此外，真空泵使用时一定要在有循环水的情况下使用；抽真空结束时要先打开活塞接通大气，再关电源，以免使循环水倒抽；长时间不用真空泵，需要将循环水排除掉。

利用真空油泵可以获得比循环水泵更高的真空度。它的工作介质是油，可以作为各类高真空系统的前级泵或预抽泵，例如用作电镜的前级泵。常见的油泵可使系统的压力控制在 0.67～1.33kPa 之间。真空油泵在运转时，泵的抽气口应先接通大气，运转不超过 3min 后，关闭接通大气阀，开始抽气。使用完毕，先把泵的抽气口与大气接通，再关闭电源。抽除如下几种气体时，不要使用真空油泵，即金属有腐蚀性的气体，与泵油起化学反应的气体，含有颗粒尘埃的气体，以及有爆炸性的气体。油泵运转时，使用中还应注意：泵油的量不能低于油标中心；不同种类和牌号的真空油泵不可混合使用；泵油有污染时要及时换油。

尽管真空油泵的真空度已经远好于循环水泵，但当实验需要更高的真空度时，真空油泵往往只充当一个前级泵。例如，在扫描电镜或者是透射电镜的使用中，利用真空油泵获得一定的真空度后，还需要使用分子泵来获得更高的真空度。

2.5 电动离心机的简介与使用

在材料实验室，离心机是用得最多的分离设备之一。特别是纳米材料的制备过程中，很多情况下产物的分离提纯是用离心机来进行的。离心机在高速运转过程中产生离心力，使固体粒子在溶液中沉降下来。因此，根据待分离样品的尺寸大小，选用不同的离心转速以获得不同的离心力，使产物在适当的时间内快速沉积下来而达到分离的目的。

实验室中，普通电动离心机的最高转速一般不超过 4000r/min，通常为六孔离心机，一

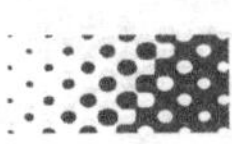

次性能够离心分离的混合溶液的数量一般只有几十毫升，如图 2-11 所示。除了设置离心速度以外，一般还可以设置离心时间。在离心机使用过程中，需要注意如下几点：

图 2-11 电动离心机

① 每支离心试管中液体的量不能太多，不宜超过其容积的 2/3，以免高速运转时从试管口洒落出来；

② 离心试管要对称放置，且各试管内的混合物质的质量要尽量一致，以保证离心机受力平衡，否则离心机转动过程中振动厉害，可能损坏离心机或产生安全隐患；

③ 离心机启动前要盖上盖子，以避免高速时发生危险；

④ 离心机启动时其转速要慢慢地依次调高。离心过程结束时，要等待离心机停止转动后，才能打开盖子拿取样品。

实验产物的分离常常伴随洗涤的过程。如果产物需要洗涤，在产物量少的情况下，可以直接把上层母液倾倒后，在离心试管内加入洗涤液，用玻璃棒搅拌后再离心分离，重复 2～3 次即可。如果产物的量比较多，宜于把产物转移到烧杯内，加入洗涤液利用磁力搅拌器来搅拌洗涤（有时可能要利用超声波清洗器进行超声洗涤），然后再进行离心分离。通常，为缩短洗涤后产物的干燥时间，在不与产物反应的前提下，最后可用无水乙醇等易于挥发的试剂洗涤产物一次。例如，沉淀法制备的白炭黑，如果最后没有采用无水乙醇洗涤，则干燥时间明显增加。

2.6 偏光显微镜的简介与使用

自然光在垂直于其运动方向的平面的各个方向上都具有振动，它们的振幅和频率都相同。当自然光经过某一物质后，如果只有某一确定振动方向上的光通过，这种通过的光称为偏振光。这种物质则在光学上具有“各向异性”，称作双折射体。

2.6.1 偏振光的产生

偏光显微镜最重要的部件是偏光装置，偏光装置包括起偏器和检偏器两部分。在光源与被检物体之间的叫“起偏镜”；在物镜与目镜之间的叫“检偏镜”。自然光经过起偏镜形成直线偏振光，如其振动方向与检偏镜的振动方向平行，则能完全通过检偏镜；如果不平行，则只有一部分光通过；如若垂直，则完全不能通过。因此，从光源射出的光线通过两个偏振镜时，在起偏镜与检偏镜中的振动方向互相平行即处于“平行检偏位”的情况下，则眼睛观察到的视场最为明亮。反之，若两者互相垂直即处于“正交校偏位”的情况下，则视场完全黑暗。如果两者倾斜，则视场表现出中等程度的亮度。

在正交的情况下，人眼观察的视场是黑暗的。如果被检测物体在光学上表现为各向同性（单折射体），无论怎样旋转载物台，视场仍为黑暗。这是因为起偏镜所形成的直线偏振光的振动方向不会发生变化，仍然与检偏镜的振动方向互相垂直。若被检物体中含有双折射性物质，则视场就会变亮。这是因为从起偏镜射出的直线偏振光进入双折射体后，产生振动方向不同的两种直线偏振光，当这两种光通过检偏镜时，由于方向不同，或多或少可透过检偏镜。光线通过双折射体时，形成两种偏振光的振动方向，依物体的种类不同而有不同。

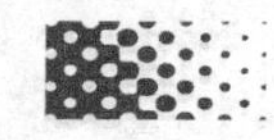

2.6.2 偏光显微镜的组成与操作

偏光显微镜是研究透明矿物的重要仪器，也是其他晶体光学研究法的基础。它的作用包括放大和偏光以及摄像，鉴别均质体和非均质体、分析晶体结晶形貌、观察非均质体的各种光学效应等。观察范围一般在100～0.2μm。测试样品厚度小于0.03mm。下面以LW300PB型透射偏光显微镜为例（如图2-12），简单介绍偏光显微镜的构造。如果把偏光显微镜分成上、中、下以及镜座四个部分，则每部分的组成依次如下。

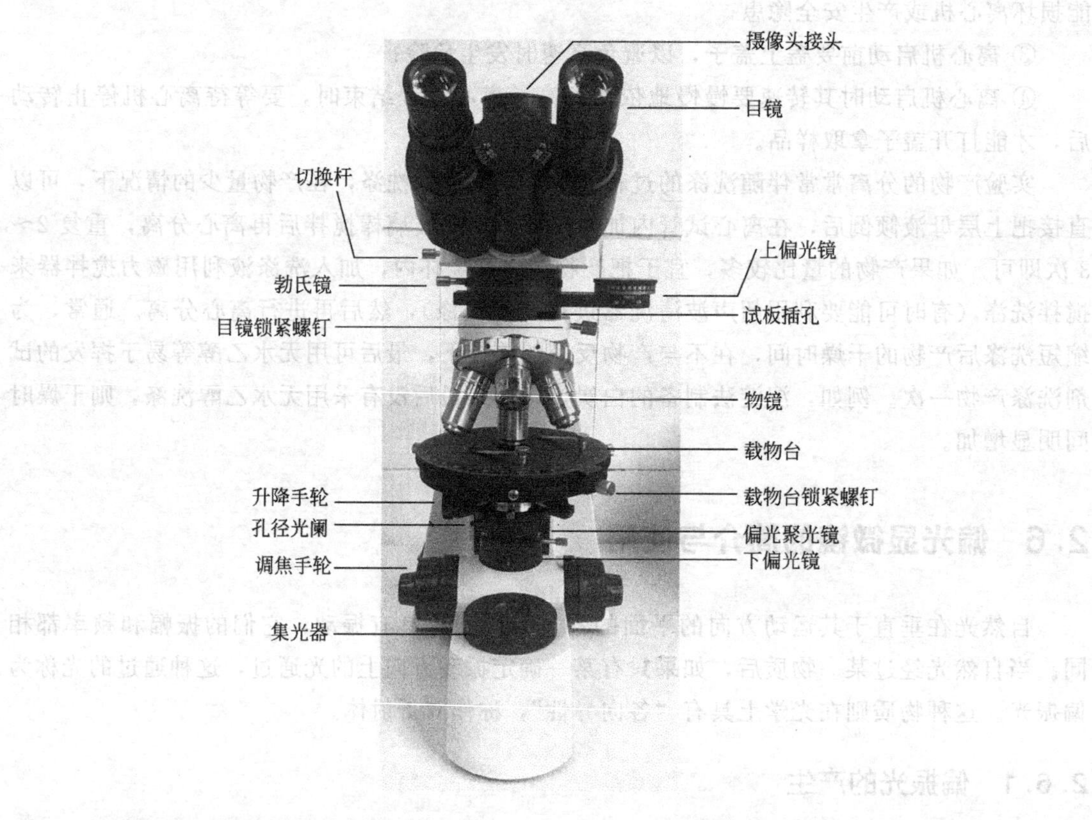

图2-12 LW300PB型透射偏光显微镜

(1) 上部分（目镜部分） 包括摄像设备接头，接头锁紧螺钉，观测与摄像切换杆，目镜（左目镜有视度调节环），目镜锁紧螺钉。

(2) 中部分（物镜部分） 包括勃氏镜，上偏光镜（检偏器），试板插孔，目镜锁紧螺钉，物镜（转换器）。

(3) 下部分（载物台部分） 包括旋转载物台，载物台调中（校正）螺钉，标本夹，载物台锁紧螺钉，聚光镜（拉索透镜）升降手轮，聚光镜锁紧螺钉，聚光镜调中螺钉，偏光聚光镜，视场孔径光阑（锁光圈）调节旋钮，下偏光镜（起偏器）锁紧螺钉，下偏光镜。

(4) 镜座部分 包括集光器，电源开关，亮度调节轮，粗（微）动调焦手轮（右边部分附有限位手轮，左边部分附有调节松紧手轮）。

偏光显微镜在使用前，一般需要进行调节和校正，包括调节照明（对光），调焦，物镜

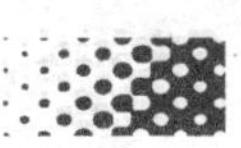

中心校正和偏光镜校正。下面简单介绍对光和物镜中心校正。

(1) 调节照明(对光) 装上目镜、物镜(小倍即可),打开孔径光阑,拉出上偏光镜,拉出勃氏镜和聚光镜,调节集光器和亮度调节螺钉,调节视域最亮为止。

(2) 物镜中心校正

①在载物台上的薄片中找一小黑点(定位),使之位于目镜十字丝中心;②转动载物台,若物镜中心与工作台中心不一致,小黑点就离开十字线中心 a 绕虚线圆转动(如图 2-13),圆中心 O 即为工作台中心,必须进行中心校正;③转动载物台 180°(小黑点位于 b 处,此时小黑点距十字丝中心最远),借载物台上两个调节螺钉调节,使小黑点自 b 移到 ab 的中点即 O 处。如此循环进行上述操作,即可使物镜中心与工作台中心重合。

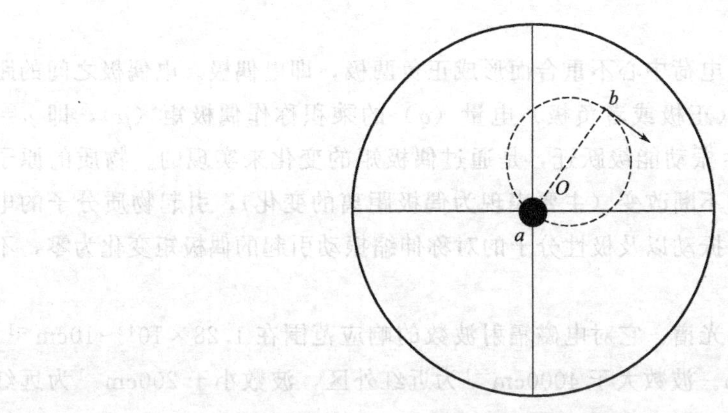

图 2-13 校正物镜中心

此外,使用偏光显微镜时应注意如下一些方面。

① 偏光显微镜使用前一般要对光和校正,如果已经校正则可以直接使用。

② 勃氏镜在一般情况是不用的,只当在高倍物镜下看锥光图时才将勃氏镜加进光路,此时勃氏镜连同目镜构成一个放大镜以观察镜后焦面上的锥光束干涉图。

③ 当使用高倍物镜观察时,一般都先用低倍物镜来寻找目标,拧紧限位手轮,然后更换到高倍物镜。调换时,将镜筒升高使物镜离开切片,这样可避免因物镜碰到切片而使镜片污染或受损。

④ 油浸镜观察,在高倍镜或低倍镜下找到要观察的样品区域,用粗调焦钮先降载物台,然后将油镜转到工作位置。在待观察的样品区域加一滴香柏油,从侧面注视,用粗调节钮将载物台小心地上升,使油浸镜浸在香柏油中并几乎与标本片相接。将聚光镜升至最高位置并把光圈打开到最大,慢慢地降载物台至视野中出现清晰图像为止。

⑤ 为了使两眼视力不同的人能看到清晰的像,目视光学仪器可以改变目镜前后位置(视度调节),使得一起所成的像不再位于无限远,而是位于物境前方或后方的一定距离上,以适应近视或远视眼的需要,这就是目视光学仪器的视度调节。一般先用右眼观察到清晰像后,再单独用左眼观察,调节视度调节使左眼也能看到清晰的像即可。

⑥ 物镜上数字的含义,例如 10 倍物镜上标有 10/0.25 和 160/0.17,其中 10 为物镜的放大倍数;0.25 为数值孔径;160 为镜筒长度(单位 mm);0.17 为盖玻片的标准厚度(单位 mm)。10 倍物镜有效工作距离为 8.8mm,分辨率 1.1μm。分辨率与目镜无关,放大倍数与目镜和物镜相关。

2.7 红外光谱仪的简介与使用

红外（吸收）光谱是物质在红外辐射作用下分子振动能级（由振动基态向振动激发态）跃迁而产生的。由于同时伴有分子转动能级跃迁，红外光谱是由吸收带组成的带状光谱。红外辐射作用于物质而被吸收，从而产生红外吸收光谱，必须有分子偶极矩的变化。只有发生偶极矩变化的分子振动，才能引起可观测的红外吸收光谱。这种分子振动是红外活性的，反之则称作为非红外活性的。

2.7.1 极性分子的振动

极性分子由于分子内正负电荷中心不重合而形成正负两极，即电偶极。电偶极之间的距离（偶极长度 L）与偶极上（正极或者负极）电量（q）的乘积称作偶极矩（μ），即 $\mu=Lq$。分子吸收红外辐射能产生振动能级跃迁，是通过偶极矩的变化来实现的。物质的原子不断振动引起偶极矩瞬时值的不断改变（主要表现为偶极距离的变化），引起物质分子的电荷分布不均匀。非极性分子的振动以及极性分子的对称伸缩振动引起的偶极矩变化为零，不产生红外吸收。

红外吸收光谱是分子振动光谱，它对电磁辐射波数的响应范围在 $1.28\times10^4\sim10cm^{-1}$，即波长范围为 $780\sim1\times10^6nm$。波数大于 $4000cm^{-1}$ 为近红外区，波数小于 $200cm^{-1}$ 为远红外区。大多数红外吸收光谱仪的响应范围在中红外区，即波数范围在 $4000\sim400cm^{-1}$。振动光谱所涉及的是分子中原子间化学键振动而引起的能级跃迁。每种化合物都有自己的红外吸收光谱，因此红外吸收谱在化学和材料领域应用非常广泛。分子振动是指分子中原子以平衡位置为中心的相对往复运动。这种振动可近似为弹簧的谐振动。由此，可描述分子振动频率（ν）与化学键常数（k）和原子质量（m_1 和 m_2）之间的关系为：

$$\nu=\frac{1}{2\pi}\sqrt{\frac{km_1m_2}{m_1+m_2}}$$

分子振动的能量（E_ν）是量子化的，可表示为：

$$E_\nu=(V+1/2)h\nu$$

式中，V 表示振动量子数，取值为 0，1，2，3，…；h 为普朗克常数。

双原子分子的振动只有伸缩振动，多原子分子振动除伸缩振动还有变形振动。伸缩振动包括对称伸缩振动和不对称伸缩振动；变形振动分为面内的剪式振动和面内摇摆振动以及面外的非平面摇摆振动和扭曲振动。有机分子官能团的鉴定主要依赖于分子的伸缩振动谱，一般处于波数 $4000\sim1300cm^{-1}$，是所谓的特征频率区；各种变形振动反映的是有机分子结构的细微变化，其谱带归属较难，一般处于波数 $1300\sim400cm^{-1}$，是所谓的指纹区。

2.7.2 傅里叶变换光谱仪的组成与操作

当样品受到频率连续变化的红外光照射时，分子吸收了某些频率的辐射，并有其振动或转动引起偶极矩的净变化，产生分子振动和转动即能级从基态到激发态的跃迁，使相应于这些吸收区域的透射光强度减弱。记录红外的百分透射比与波数或者波长的关系曲线，就得到

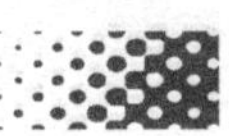

了红外光谱。利用红外光谱对物质进行相关分析的方法称作红外光谱法，它不仅能进行定性和定量分析，而且从分子的特征吸收可以鉴定化合物的分子结构。对于已知物的判定，应将样品的谱图与标准谱图或者文献上的谱图进行对照，如果两谱图的吸收峰位置和形状完全一样，峰的相对强度相同，可认为样品和标准物是同一种化合物。如果谱图存在差异，说明不是同一种化合物，或者样品中有杂质。对于未知物的鉴定，应从谱图中基团频率区的最强谱带着手进行谱图解析，推测可能存在的基团，然后利用指纹区的谱带作进一步验证。初步确定结构后，再利用标准谱图进行核实。对于材料科学方面常用的标准谱图主要有两种，即萨特勒（Sadtler）谱图集以及赫梅尔（Hummel）和肖勒（Scholl）等著的《Infrared Analysis of Polymer，Resins and Additives，An Atlas》一书。

测试材料红外光谱的仪器称作红外分光光度计或者红外光谱仪。红外分光光度计根据其工作原理可以分为色散分光和干涉调频分光两种类型。傅里叶变换红外光谱仪（Fourier Rransform Infrared Spectroscopy，FTIR）是应用最多的干涉调频分光型的光度计。FTIR 光谱仪的型号虽然很多，但是它们的光路系统和工作原理是类似的。FTIR 光谱仪主要包括红外光源、光阑、干涉仪、样品室、检测器、红外反射镜、氦氖激光器、控制电路板、电源以及计算机等部分。其中干涉仪是 FTIR 光谱仪中光学系统的核心部件。下面简单介绍 FTIR 光谱仪的光学系统和干涉仪的工作原理。

如图 2-14 所示，干涉仪中有两个相互垂直的平面反射镜和与两镜成 45°的分束器。两个平面反射镜中，一个反射镜的位置是固定的，另外一个反射镜的位置是可以沿光轴方向前后移动的。分束器是一种特殊的半透镜。红外光源发出的红外光经椭圆反射镜收集和反射，反射光通过光阑后到达准直镜。从准直镜出来的平行光到达分束器后，部分平行光被反射达到固定镜，部分平行光透过分束器后达到动镜。反射光和透射光分别又经过固定镜和动镜反射回来，再次到达分束器，从而又发生一次透射和反射，这两束光是相干光。通过调控动镜，改变其到分束器的距离，可以改变透射和反射来的两束光的光程差，因而获得干涉光。干涉光通过准直镜后达到样品，由于样品吸收了某一波长的光，干涉光强度就发射相应的变化，借助傅里叶变换技术对每个波长的强度进行计算，就得到任何波数处的光强，即红外光谱曲

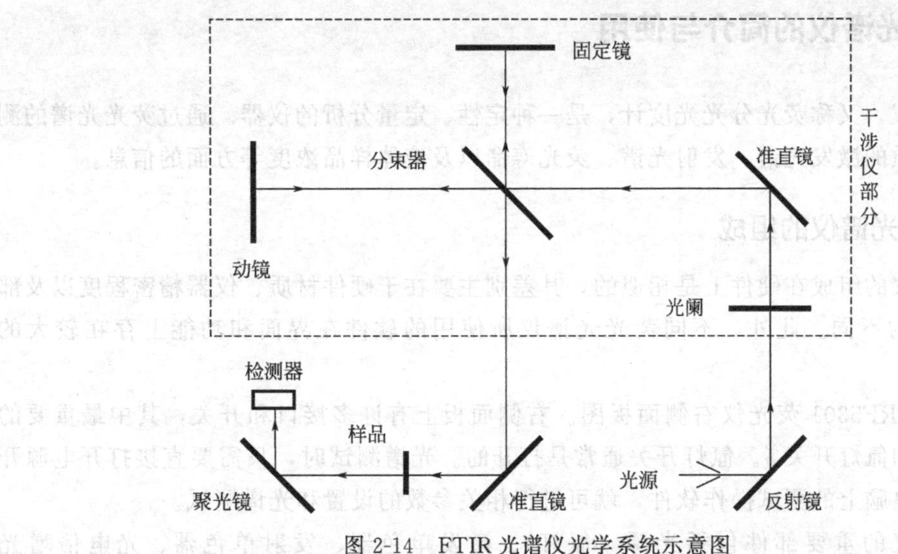

图 2-14 FTIR 光谱仪光学系统示意图

线。这其中，光阑的作用在于控制光通量的大小，一般测试情况下需要加大光阑孔径，增大光通量，以有利于提高检测灵敏度。准直镜是把发散的红外光变成平行光束。动镜到分束器的距离是用氦氖激光器测定的，因而光程差的测定是非常精确的。

对于材料和化学学科来说，红外光谱的测试样品大多数是固体样品。固体样品的测试方法主要为 KBr 压片法。测试过程中需要注意的事项主要如下。

① 固体粉末样品不能直接用来压片，需要使用稀释剂来稀释。固体粉末样品粒度大，不能压出透明的薄片，红外光发散严重。即使能够压出透明的薄片，由于样品量多，也会因为出现红外光全吸收现象而不能得到正常的红外光谱图。KBr 在 $4000-400cm^{-1}$ 光谱区内不产生吸收，用其作为稀释剂可用于测绘全波段光谱图。

② KBr 容易吸收空气中的水汽，使用前应该在 120℃下充分干燥，并置于干燥器中备用；同时待测样品也应该进行必要的除湿处理。因为 KBr 是吸湿的，如果压片后 KBr 残留在压片模具中，会导致吸潮后腐蚀模具。因此，压片工作结束后一定要将压片模具清洗干净，并干燥保存。检验 KBr 是否满足红外分析测试的要求，可将 150mg 左右的 KBr 研磨压片，测试光谱。如果没有观察到杂质吸收峰，表明 KBr 满足要求可以直接使用。

③ 一般测试中，可将约 1mg 样品与约 150mg 纯 KBr 混合研细，在 $(5\sim10)\times10^7$Pa 压力下压成透明薄片。压力大，易于得到透明的薄片；但压力过大，容易造成薄片破裂。

④ 样品最好是用天平称量，避免样品用量过少而导致光谱吸光度太低，光谱的信噪比不能满足要求；如果样品用量过多，会导致光谱的某些谱带出现全吸收。此外，KBr 用量太多，不容易压出透明薄片；用量太少，压出的薄片容易碎裂。

⑤ 混合样品粒径应小于 2μm。因为样品粒径大会导致红外光发散，特别是样品在 2.5～25μm 之间，会引起中红外光散射，导致样品吸收峰的强度降低。此外，样品不够细时，在中红外光谱的高频端，容易因为光散射而出现光谱基线抬高的现象。因此，可用光谱基线是否倾斜来作为衡量样品研磨是否够细的标准。

⑥ 对于含有强极性基团的样品如碳酸盐、硫酸盐、硝酸盐、磷酸盐和硅酸盐等，样品用量只要 0.5mg 左右，因为它们有非常强的吸收。

2.8 荧光光谱仪的简介与使用

荧光光谱仪，又称荧光分光光度计，是一种定性、定量分析的仪器。通过荧光光谱的测试可以获得物质的激发光谱、发射光谱、荧光寿命以及液体样品浓度等方面的信息。

2.8.1 荧光光谱仪的组成

荧光光谱仪的组成在硬件上是相似的，其差别主要在于硬件材质、仪器精密程度以及部分次要功能上的不同。此外，不同荧光光谱仪所使用的软件在界面和功能上存在较大的差别。

图 2-15 是 RF5301 荧光仪右侧面板图。右侧面板上有许多接口和开关，其中最重要的是电源开关 4 和氙灯开关 5。氙灯开关通常是打开的。光谱测试时，只需要直接打开电源开关，然后打开电脑上的测试操作软件，就可进行相关参数的设置和光谱测试。

荧光光谱仪的重要部件包括光源（氙灯）、激发单色器、发射单色器、光电倍增光

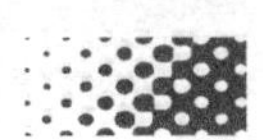

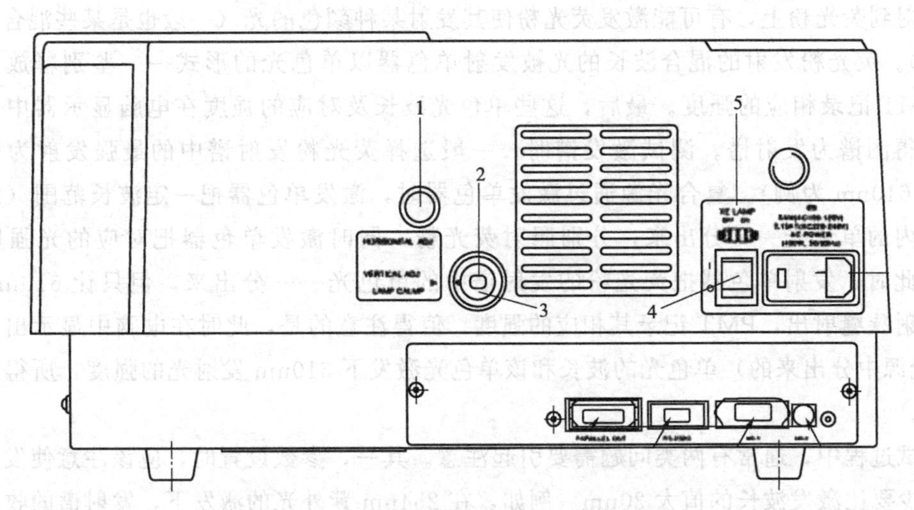

图 2-15 RF5301 荧光光谱仪右侧面板图

1—水平调节螺钉；2—垂直调节螺钉；3—固定螺钉；4—电源开关；5—氙灯开关

(Photomultiplier，PMT) 以及外联设备电脑等。图 2-16 为荧光光谱仪的主要组成示意图。

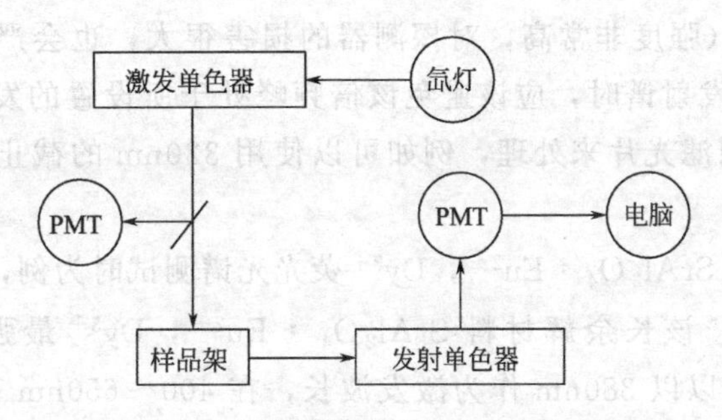

图 2-16 荧光光谱仪的主要组成示意图

某些物质在特定波长的光波激发下，可以发射出荧光。例如，长余辉材料 $SrAl_2O_4$：Eu^{2+}，Dy^{3+}，在 365nm 紫外光激发下，发出黄绿色的光。在荧光光谱仪中，利用氙灯的发光作为激发光源，为样品的激发提供一定波段的复合光，其波长范围一般在 200～900nm。单色器用来从入射的复合光中分解出所需要的单色光。单色器本身包括入射/出射狭缝、准直镜、色散元件和成像物镜等部件。色散元件是获得单色光的关键部件。仪器工作时，光源的发射光在入射狭缝处聚焦成像，成像处刚好为准直镜的焦点，混合光经过准直器后被分散成一束平行光，平行光经过色散元件变成一系列平行的单色光。平行单色光经过成像物镜分别聚焦，通过转动色散元件的角度，可使不同波长的单色光分别从出射狭缝发射出来，然后照射在待测样品上。通常，在一台荧光光谱仪中需要两个单色器来分别获得激发用单色光和监测用（发射）单色光。光电倍增管能够把入射的光信号转变成电信号，其主要作用是用来记录入射光的强度。

2.8.2 荧光测试与参数设置

对于一种未知发光性能的荧光粉来说，测试发射谱时，通常利用氙灯的最强 254nm 发射来激发样品。这时激发单色器就从氙灯发射出来的复合光中分出 254nm 的紫外光。该紫外光照射到荧光粉上，有可能激发荧光粉使其发射某种颜色的光（一般也是某些混合波长的复合光）。荧光粉发射的混合波长的光被发射单色器以单色光的形式一一鉴别释放，同时利用 PMT 记录相应的强度。最后，这些单色光波长及对应的强度在电脑显示器中显示出来，所得图谱为发射谱。测试激发谱时，一般选择荧光粉发射谱中的最强发射为监测波长（以 610nm 为例）。复合光源通过激发单色器时，激发单色器把一定波长范围（激发谱范围）内的单色光一一分出来，分别照射荧光粉，同时激发单色器把对应的光强度记录下来。此时，发射单色器把荧光粉的发射谱中的单色光一一分出来，但只让 610nm 的光通过发射狭缝射出，PMT 记录其相应的强度。值得注意的是，此时在电脑中显示出来的是（激发光源中分出来的）单色光的波长和该单色光激发下 610nm 发射光的强度，所得图谱为激发谱。

测试过程中，通常有两类问题需要引起注意。其一，参数设置时，应该注意使发射波长的值至少要比激发波长的值大 20nm。例如，在 254nm 紫外光的激发下，发射谱的收集范围应该从大于 274nm 处开始；用 610nm 作为监测波长来收集激发谱时，激发谱收集范围不应该大于 590nm。其二，在光谱测试时，单色器光栅会引起倍频的问题，因而测试过程中有时还涉及滤波片使用。例如，如果用 254nm 紫外光激发荧光粉时，会在 508nm 附近出现 254nm 的倍频峰（强度非常高，对探测器的损害很大，也会严重压缩正常发射谱的显示）。因此，在收集发射谱时，应该避免该倍频峰处于所设置的发射谱收集范围内；如果难以避免，可以使用滤光片来处理，例如可以使用 320nm 的截止滤光片有效截掉该倍频峰。

以长余辉发光材料 $SrAl_2O_4:Eu^{2+}$，Dy^{3+} 荧光光谱测试时为例，简要说明相关参数的设置。如图 2-17 所示，该长余辉材料 $SrAl_2O_4:Eu^{2+}$，Dy^{3+} 最强吸收处于（谱线 *a*）380nm 附近。因此，可以以 380nm 作为激发波长，在 400～650nm 范围内收集其发射谱。在发射谱（谱线 *b*）上的最强发射处于 520nm 附近。因此，可以用 520nm 作为监测波长，在 280～500nm 范围内收集其激发谱。激发谱的收集范围没有从最小的 200nm 开始，是有

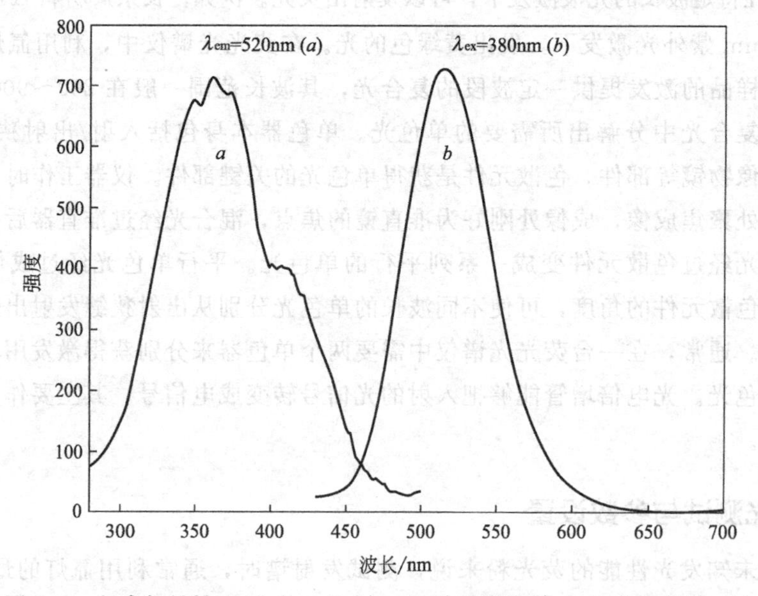

图 2-17 长余辉材料 $SrAl_2O_4:Eu^{2+}$，Dy^{3+} 的激发谱（*a*）和发射谱（*b*）

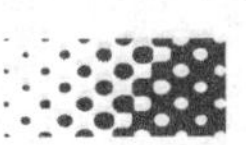

意避免了520nm半频峰（260nm）在光谱中的出现。如果激发谱从200nm开始收集，则可以在光路中放置一个394nm的滤光片，有效地截掉260nm的半频峰。虽然由于制备的原因，所得长余辉材料的激发谱和发射谱的最大值可能存在一定范围的波动，但上述设置一般不会影响测试的进行。

2.9 X射线粉末衍射仪的简介与使用

晶态物质的组成原子、离子或分子在三维空间的有序排列，可以使波长大小与原子尺寸类似的X射线发生衍射。衍射峰的位置可以根据布拉格（Bragg）方程 $2d\sin\theta=\lambda$ 来确定，其中 θ 为入射线与晶面的夹角，λ 为入射X射线的波长。衍射强度 I 可由晶体结构因子 F 来确定。衍射强度 I 与结构因子 F（模）的平方成正比，即 $I=K|F|^2$。每种晶体物质都有各自独特的化学组成和晶体结构，它们的晶胞大小、质点种类及其在晶胞中的排列方式是不相同的。因此，每种晶体结构都有自己独特的X射线衍射（X-ray Diffraction，XRD）谱。衍射谱的特征可以用各个衍射晶面间距 d 和衍射线的相对强度来表征。根据晶体对X射线衍射线的位置、强度及数量来鉴定晶体物相的方法即为X射线物相分析法。

2.9.1 X射线管的组成

X射线是波长介于 γ 射线与紫外线之间（0.01～10nm）的电磁波。其能量 $E=h\nu=hc/\lambda$，其中，h 为普朗克常数，c 为光速，ν 为频率，λ 为波长。X射线管是常见的X射线发生器。如图2-18所示，X射线管中的热阴极通电后产生电子，经过高压加速后撞击到阳极金属靶材上，释放出X射线。阳极靶的材质不同（常有Cu、Fe和Mo等），发射的X射线波长不同。铜靶（$CuK\alpha=0.15405$nm）可用来测试除黑色金属样品以外的一般无机物和有机物。调节阳极加速电压可控制X射线的强度。电子轰击金属靶时，放出大量的热，因此X射线衍射仪需要装配循环冷却系统。

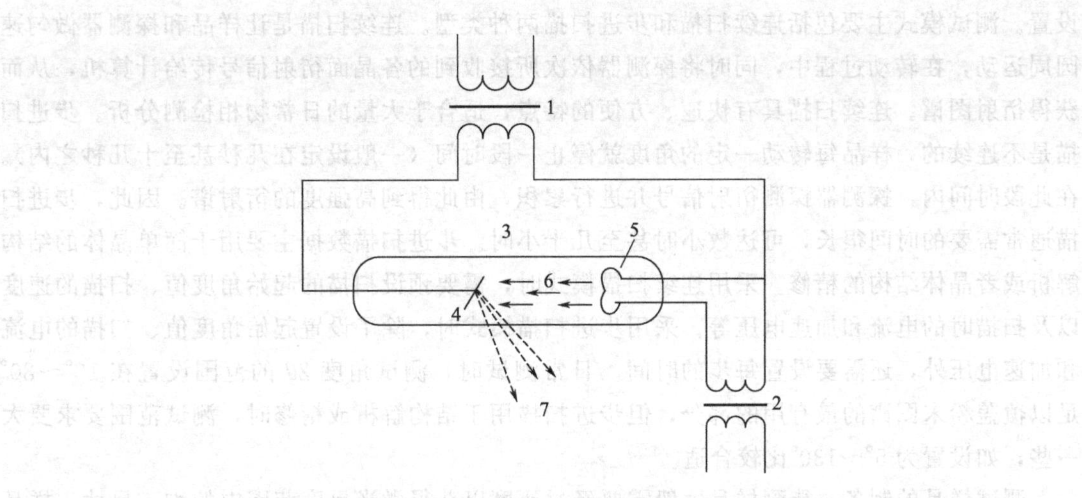

图2-18 X射线管示意图

1—高压变压器；2—钨丝变压器；3—X射线管；4—阳极；5—阴极；6—电子；7—X射线

因为测试的需要，有时需要更换粉末衍射仪的阳极靶材，以便获得不同波长的X射线，例如除金属铜以外的钼、铬和铁等。大多数情况下都使用铜靶，其 $K\alpha=1.5418\text{Å}$（$1\text{Å}=10^{-10}\text{m}$），$K\alpha$ 包括 $K\alpha_1$ 和 $K\alpha_2$ 两部分，$K\alpha_1=1.54051\text{Å}$，$K\alpha_2=1.54433\text{Å}$。在现代的X射线衍射仪中可利用各种滤波器件来获得单色的 $K\alpha_1$ 辐射来进行衍射实验。

2.9.2 粉末衍射仪的组成与使用

现代的粉末衍射仪主要由X射线发生器、X射线测角仪、辐射探测器和辐射探测电路以及控制操作和运行软件的计算机等部分组成。图2-19为日本理学Ultima Ⅳ系列X射线粉末衍射仪局部图。如图，X射线管1中发射出来的X射线经过单色器及多个狭缝后，辐射到载物台2上的晶体样品上，探测器3记录衍射数据，得到晶体样品的X射线衍射谱。通过分析衍射图谱来确定样品的物相组成、晶粒大小等信息。

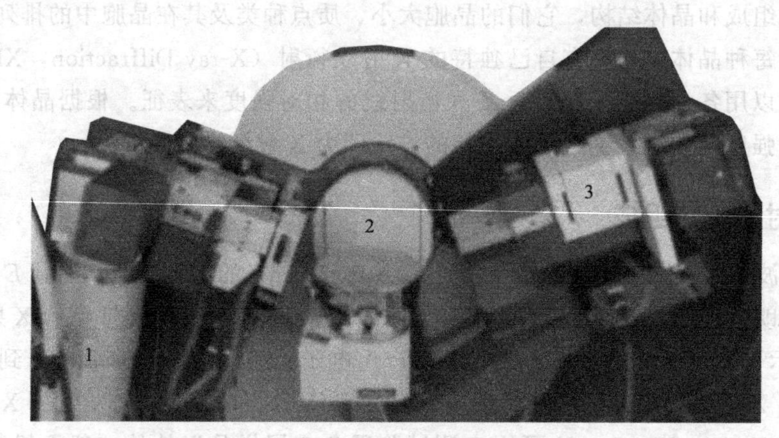

图2-19 日本理学Ultima Ⅳ系列X射线粉末衍射仪局部图

1—X射线管；2—载物台；3—探测器

在X射线粉末衍射测试时，可能需要选择不同的测试模式，并对一些相应的参数进行设置。测试模式主要包括连续扫描和步进扫描两种类型。连续扫描是让样品和探测器做匀速圆周运动，在转动过程中，同时将探测器依次所接收到的各晶面衍射信号传给计算机，从而获得衍射图谱。连续扫描具有快速、方便的特点，适合于大量的日常物相检测分析。步进扫描是不连续的，样品每转动一定的角度就停止一段时间（一般设定在几秒甚至十几秒之内）。在此段时间内，探测器探测衍射信号并进行累积，由此得到高强度的衍射谱。因此，步进扫描通常需要的时间很长，可达数小时甚至几十小时。步进扫描数据主要用于简单晶体的结构解析或者晶体结构的精修。采用连续扫描模式时，需要预设扫描的起始角度值、扫描的速度以及扫描时的电流和加速电压等。采用步进扫描模式时，除了设置起始角度值、扫描的电流和加速电压外，还需要设置每步的时间。日常测试时，测试角度 2θ 的范围设置在 $10°\sim80°$ 足以覆盖粉末图谱的最有用的部分，但步进扫描用于结构解析或精修时，测试范围要求要大一些，如设置为 $5°\sim130°$ 比较合适。

测试样品的制备，待测样品一般需要经过研磨以获得微米尺度范围内的均一尺寸。样品放到玻璃样品槽的凹槽中，用玻璃片轻轻压平样品，使样品表面与样品槽的玻璃表面高度一致，如图2-20所示。日常测试中，一般样品颗粒大小在 $5\mu\text{m}$ 左右较为合适。

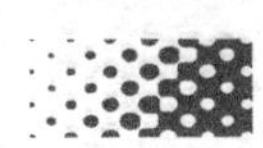

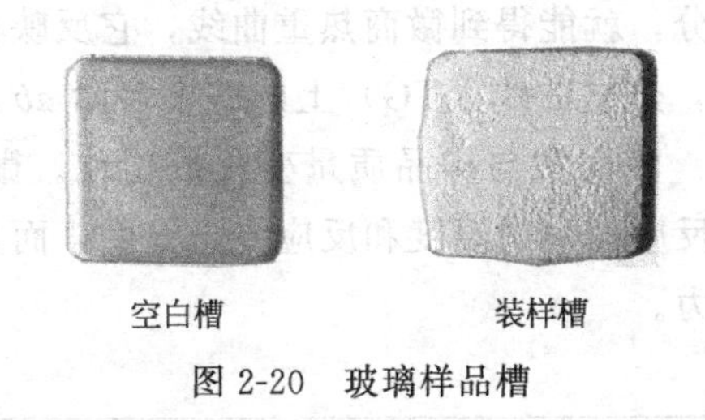

图 2-20 玻璃样品槽

2.10 热重-差热分析仪的简介与使用

热分析是在程序控温（和一定气氛）下，测量材料的某种物理性质与温度或时间关系的一类技术。实际上，热分析通常只包含焓、热容、质量和膨胀系数等的测试分析。热分析技术主要有热重分析（Thermal Gravity Analyzer，TGA），差热分析（Differential Thermal Analysis，DTA）和差示扫描量热分析（Differential Scanning Calorimetry，DSC）等。

热重分析是在程序温度下测量样品的质量随温度变化的一种技术，借此可以分析加热过程中可能发生的脱水或分解等变化过程。热重测试所得到的曲线称作热重曲线（TG 曲线），热重曲线一般以质量作为纵坐标，以温度作为横坐标。热重分析仪中重要的构件是热天平。热天平能自动、连续的进行动态称量与记录，并在称量过程中能按照一定的温度程序改变样品的温度。图 2-21 为常见上皿式零位型热天平结构示意图。加热过程中，如果样品质量没有变化时，热天平将保持初始平衡状态；样品质量发生变化时，天平失去平衡，并立即由传感器检查并输出天平失衡信号。这一信号经测重系统放大用以自动改变平衡复位器中的电流，使天平重新回到初始平衡状态即所谓的零位。通过平衡复位器中的电流大小与样品质量变化成正比，记录电流的变化就能知道加热过程中样品质量的变化。测温热电偶用来测试加热过程中样品的温度变化。绘制样品质量变化与温度变化（或时间变化）的关系曲线即得到样品的热重曲线。

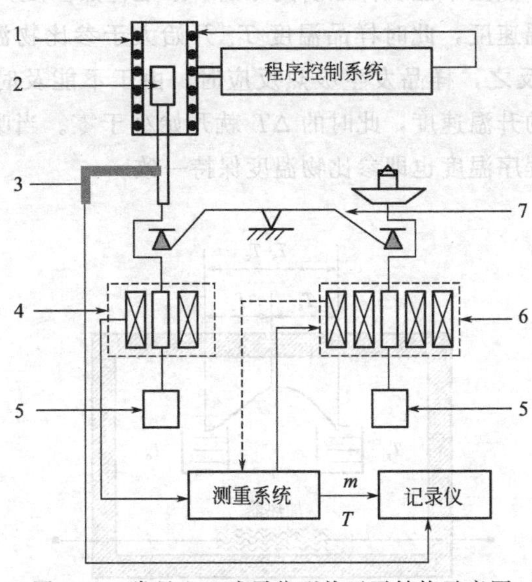

图 2-21 常见上皿式零位型热天平结构示意图

1—炉子；2—样品支持器；3—热电偶；4—传感器；5—平衡锤；6—阻尼及天平复位器；7—天平

对热重曲线进行一次微分，就能得到微商热重曲线，它反映样品质量变化率和温度（或者时间）的关系。如图 2-22，热重曲线（TG）上的三个台阶 ab、cd 和 ef 分别对应微商热重曲线（DTG）上的三个峰。峰面积与样品质量变化成正比。微商热重曲线能清楚地反映出起始反应温度、达到最大反应速率的温度和反应终止温度，而且提高了分辨两个或多个相继发生的质量变化过程的能力。

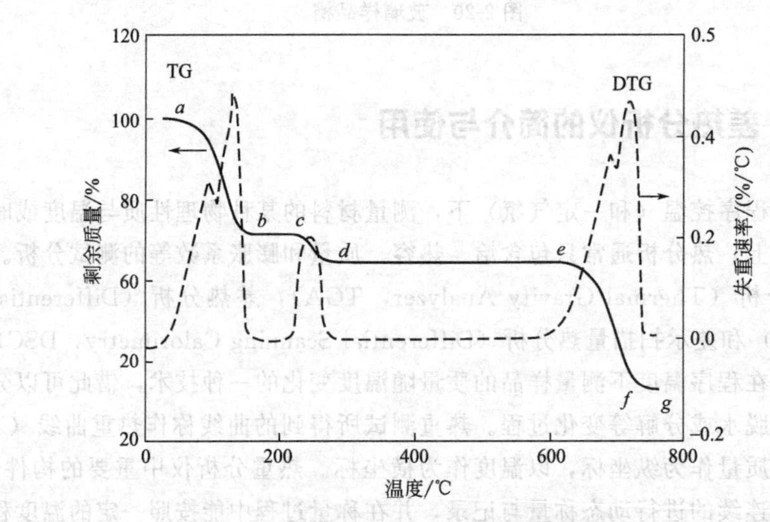

图 2-22　热重曲线（TG）和微商热重曲线（DTG）

差热分析（DTA）是在程序控制温度（加热）下测量样品和参比物之间的温度差与（程序）温度（或时间）关系的一种技术。物质在加热过程中，往往因为有挥发、脱水、分解、晶型转变等过程而伴随有吸热或者放热过程。因此，就本质来说，DTA 实际上是测量热焓的变化。如图 2-23 所示，样品和参比物在同一炉内被线性程序控制升温时，加热过程中如果样品没有吸热或者放热过程，则样品与参比物的温度应该与线性的程序温度一致。若样品发生放热反应，由于热量不能从样品瞬间导出，于是样品温度偏离线性升温线，升温速度明显高于参比物的升温速度，此时样品温度 T_s 开始大于参比物温度 T_c，其对应温度差 $\Delta T = T_s - T_c$ 大于零。反之，样品发生吸热反应时，由于不能及时从环境获得足够热量，其升温速度小于参比物的升温速度，此时的 ΔT 就开始小于零。当吸热或放热反应结束后，样品的升温速度才能与程序温度也即参比物温度保持一致。

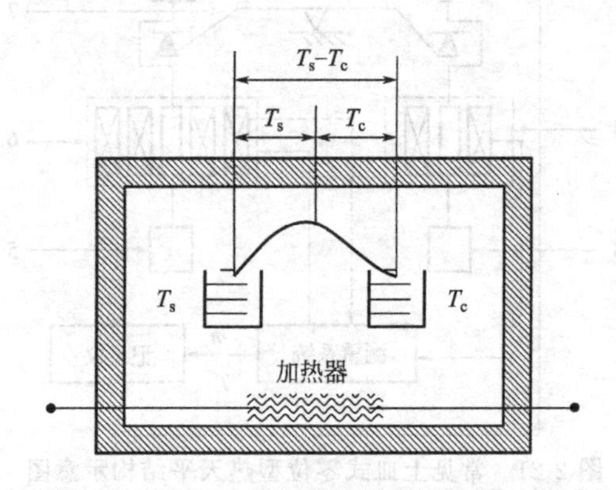

图 2-23　样品与参比物加热测试装置示意图

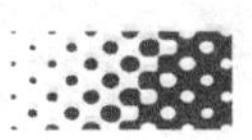

如果参比物和被测样品的热容大致相同，而样品又无热效应，两者的温度基本相同，此时得到的是一条平滑的直线。如图 2-24 所示，差热曲线上三段直线 *ab*、*de* 和 *gh*（基线）表示不存在热效应；当样品出现热效应时，在差热分析曲线上就会出现如 *bcd* 或 *efg* 一样的峰。热效应越大，峰的面积也就越大。国际热分析协会规定，峰顶向上的峰为放热峰，表示样品温度高于参比物；峰顶向下的峰为吸热峰，表示样品的温度低于参比物。

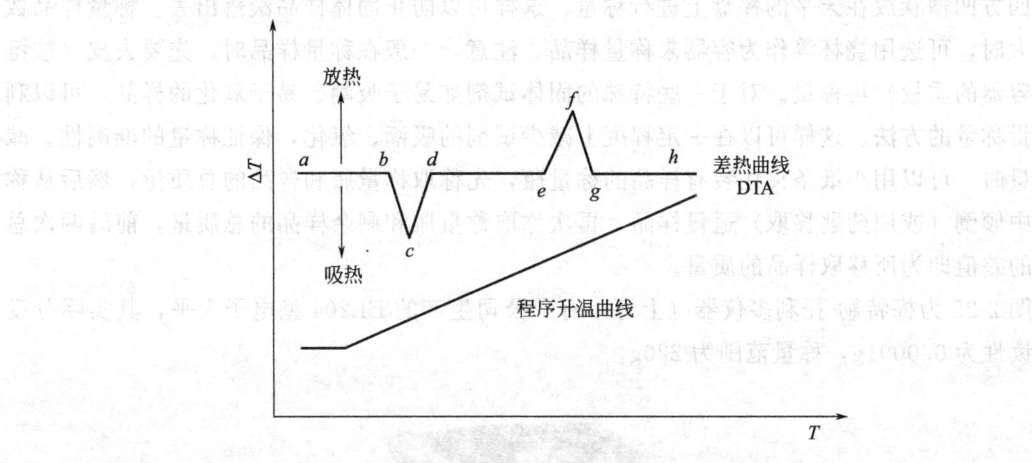

图 2-24 差热曲线图

进行材料热分析时，影响测试结果的因素主要包括仪器、样品和实验条件三个方面。仪器因素包括基线、样品支持器和测温热电偶；样品因素包括质量、粒度、物化性质和装填方式；实验条件包括升温速率、气氛和走纸速率等。测试过程中应该采取一定的措施来提高测试数据的质量。例如，电子器件会引起 TG 分析中温度漂移，解决办法之一就是开机预热 30min 再测试；为保证 DTA 曲线大小适宜，记录纸的走纸速度应与升温速度相匹配，一般升温速度为 10℃/min 时，走纸速度以 30cm/h 为宜；升温速度的选择主要根据样品和样品容器的热容和导热性能以及样品的分析目的而定，对应热容量大、导热性差以及要求较高的温度准确度及分辨率的物质，升温速度要慢些，如 2～10℃/min；相反，升温速度宜快些，如 10～20℃/min。

一般来说，DTA 较 TGA 有更广泛的用途，TGA 只能测量有重量变化的效应，而 DTA 还可以有其他热效应如相转变。通常是把二者联合起来分析。例如，在固相法制备材料过程中，把二者联合起来分析反应过程中的热效应，依此来推测可能的反应机理，进而确定高温煅烧的温度制度。现代自动化热分析仪能用同一台装置做差热和热重分析。

2.11 电子天平的简介与使用

材料实验室中用到的称量仪器主要是电子天平，一般包括实际分度值为 0.01g、0.001g 和 0.0001g 的几种类型。准确程度要求高时，更多的使用分度值为 0.0001g 的电子天平。对于型号不同的天平，需要认真阅读说明书，熟悉相关按键的作用。在使用天平之前，注意做好天平的水平调节、预热和校准等工作。在称量或者校准之前，天平要开机预热不少于 30min 的时间，以保证称量的准确度。天平的水平调节是通过调节天平的两只水平调节脚，使水平泡中的气泡居于中央位置。天平每次放到新的位置或位置有移动时，应该重新调节水平。校准的方法因电子天平的品牌不同而在操作上略有差异。称量方法主要为直接称量和减量称量两种方式。

对于普通固体化学试剂可以采用直接称量的方法，即直接用钥匙移取粉末样品用电子天平进行称量。材料化学实验中，对于少量样品（一般10g以内）的称取，可以直接把称量纸折成四方凹槽状放在天平的秤盘上进行称量，这样可以防止固体样品滚落出去。称量样品数量过大时，可选用烧杯等作为容器来称量样品。注意，一般在称量样品时，先要去皮（按键清除容器的质量）再称量。对于一些特殊的固体试剂如易于吸潮、易于氧化的样品，可以利用减量称量的方法。这样可以在一定程度上减少试剂的吸潮、氧化，保证称量的准确性。减量称量时，可以用小纸条夹住装有样品的称量瓶，先称取称量瓶和样品的总质量，然后从称量瓶中倾倒（或用药匙移取）适量样品，再次称取称量瓶和剩余样品的总质量，前后两次总质量的差值即为所移取样品的质量。

图 2-25 为梅特勒-托利多仪器（上海）有限公司生产的 EL204 型电子天平，其实际分度值可读性为 0.0001g，称量范围为 220g。

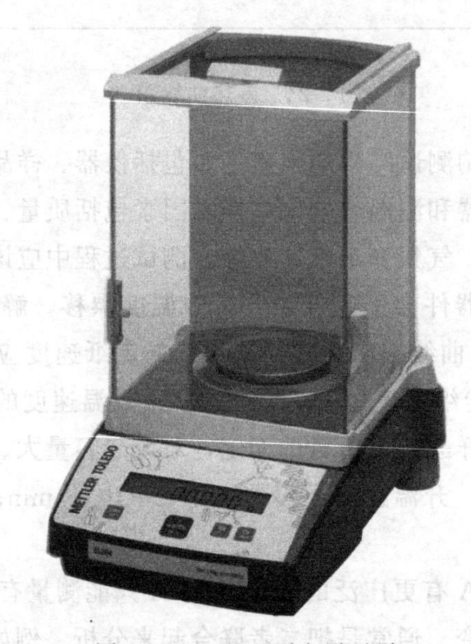

图 2-25　EL204 型电子天平

利用电子天平称取化学药品时，为养成良好的习惯，需要特别注意如下几个方面。

① 药品称量时，首先需要观察天平是否水平，不水平时需要调节水平。调节水平后预热约 60min，再进行校准。天平如果水平，预热约 30min 后再进行称量。

② 药品称量前，请计算准确、认清药品，辨别是否含结晶水，是否过期，是否有明显的杂质。对于易吸潮或氧化的药品，称量要迅速，并及时盖上试剂瓶盖子，置于干燥器中保存。称量后，请把药品放回原来的位置。

③ 移取药品时，原则上要求每种药品对应一个药匙。不得不共用同一个药匙时，每次移取完一种药品都要把药匙擦洗干净，以防止药品之间出现交叉污染。多种药品称量时，要依次称量并及时记录数据，不要混淆药品，不要漏称、多称药品。

④ 称量药品时，注意称量的准确性。电子天平的分度值为小数点后四位，在称量时，

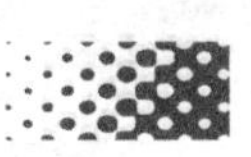

只允许天平显示数据的最后一位数字有波动。例如，需要准确称取的数据为2.6636g时，数据显示在2.6630～2.6639之间都是可取的。如果称量数值为2.6629g或2.6640g，都应该认为是不合适的。如果空气流动性大，每次称量读数时，要关好玻璃门，避免数据出现波动。开关玻璃门时，注意不要用力过大。

⑤ 称量药品时，一般可把称量纸折成方形的凹槽状，以防止药品滚落出来，也可防止因称量纸太大搁在天平秤盘以外的地方，影响称量的准确性。

⑥ 药品称量后，要及时对天平作必要的打扫，清除撒落的药品以防腐蚀天平。最后，关好玻璃门，盖上防尘布（袋）。

2.12 激光粒度分析仪的简介与使用

粒度分布通常是指某一粒径或某一粒径范围的颗粒在整个粉体中占的比例。粒径的分析方法主要分为统计法和非统计法两大类。统计法主要包括筛分法（适合粒径小于38μm）、沉降法（粒径在0.01～300μm）和光学方法（粒径在0.0008～2800μm）。统计法具有代表性强、动态范围宽和分辨率低等特点。非统计法主要有显微镜方法，包括光学显微镜（大于1μm）和电子显微镜（大于1nm）。非统计法具有分辨率高、代表性差和动态范围窄等特点。

激光粒度分析主要是利用激光与物质相互作用后，不同角度内散射光强度来获得颗粒的尺寸信息。光波在行进过程中碰到粒子阻挡时会发生散射。米氏（Mie）散射理论认为，散射光的传播方向将与主光束的传播方向形成一个夹角θ（散射角），散射角的大小与颗粒的大小有关。颗粒越大，散射角越小；颗粒越小，散射角越大。同时，散射光的强度可用来表示该粒径颗粒的相对数量。因此，测量不同散射角度上的散射光的强度，就可以得到样品的粒度分布。以激光为光源的优点在于，激光具有很好的单色性和极强的方向性，在空间传播过程中即使传播距离非常远，也很少有发散现象。因此，单一波长的激光与粒子相互作用而在空间（各角度）的散射分布就只与粒子的尺寸有关。

激光粒度分析仪通常由二极管激光器提供激光光源。二极管激光器发出来的光不聚焦，其单色光必须经过“处理”以生成“干净”光束。空间滤波器常用来进行这种处理。多数空间滤波器包括一组光学元件如透镜、针孔（孔径）等。因此，激光粒度分析仪一般由激光发生器、光学组件（获取单色准直的激光）、探测器、样品分散单元以及数据处理软件等部分组成，其光学原理如图2-26所示。

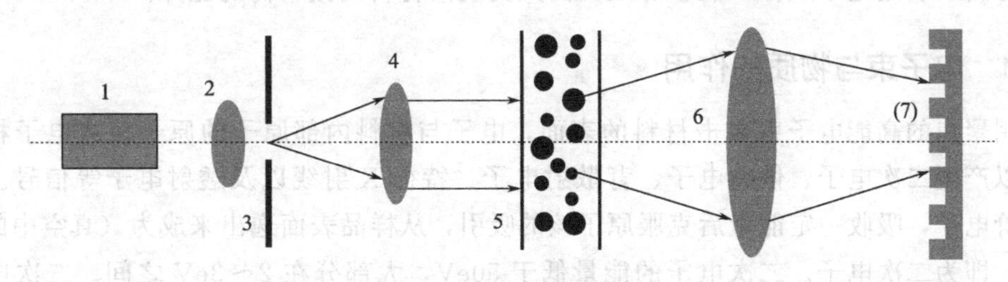

图2-26 激光粒度分析仪的光学原理

1—激光器；2—显微物镜；3—针孔；4—准直镜；5—样品；6—傅里叶透镜；7—探测器阵列

从激光器发出来的激光束经过显微镜聚焦、针孔滤波和准直镜准直后，变成直径很小

（约 10mm）的平行光束。平行束照射到待测样品的颗粒上，一部分光被散射，散射光经傅里叶透镜后，照射到探测器阵列上。探测器上的每一点都对应于某一确定的散射角。探测器阵列由一系列同心环带组成，每个环带是一个独立的探测器。探测器将探测到的光信号转变成电信号，这些电信号中包含有颗粒的粒径大小及分布信息，经由计算机可以分析得到被测颗粒的平均粒径及尺寸分布。粒度分析仪之所以能够测定样品颗粒的尺寸大小，主要依赖于傅里叶透镜的两种功能。其一，傅里叶透镜能够聚焦透射光束，使其不干扰散射光强度；其二，傅里叶透镜能够将散射光折射到检测面上进行定位。

粒径分布分析中，最常用到的三个术语是平均值、中间值以及最频值。平均值即粒度分布的某种算术平均值；最频值是频率分布中最常出现的数值，即曲线的最高点；中间值是把整个分布恰好平分的颗粒大小的数值，一般用 D50 表示。如 D50＝5μm，说明大于 5μm 的颗粒体积占总体积的 50％，小于 5μm 的颗粒体积占总体积的 50％。此外，还有 D10 和 D90 等，表示累计分布百分数达到 10％或者 90％所对应的粒径值，D(4,3)表示体积或者质量粒径平均值。

测试实验中，水是常用的分散介质（悬浮液），此外还常用六偏磷酸钠等作为分散剂。分散剂是用来增强颗粒与分散介质之间的亲和性，减小颗粒与颗粒之间的团聚力的化学试剂。测试的具体操作过程中，应注意如下几点。

① 取样要具有代表性，同时取样要适量。量的多少根据悬浮液浓度来决定，浓度的高低以控制溶液的遮光比在仪器要求范围内为宜。例如，一般控制遮光比在 8％～12％。在不造成复散射的前提下，浓度要尽可能高。

② 样品应该与分散介质混合良好，否则要更换分散介质或分散剂。同时为了使样品颗粒尽量分散，测试前样品应该进行超声分散。

③ 粒度仪测试前需要预热 15～30min，应该首先用蒸馏水测定样品背景。

④ 样品测试完后，及时清洗样品槽和管道，并将搅拌器用蒸馏水浸泡。

2.13 透射电子显微镜的简介与使用

显微技术是一种直观表征材料微观形貌的方法。显微技术是采用显微镜作为工具来进行材料分析的。最常用到的显微镜有光学显微镜、透射电子显微镜（透射电镜）和扫面电子显微镜（扫描电镜）。光学显微镜利用可见光成像实现材料分析；电子显微镜利用电子成像实验材料分析。利用电子成像，能够有效提高人类观察材料细微结构的能力。

2.13.1 电子束与物质的作用

利用聚焦的高能电子束轰击材料的表面，电子与材料内部原子的原子核或电子相互作用，可以产生二次电子、俄歇电子、背散射电子、特征 X 射线以及透射电子等信号。某些电子如价电子，吸收一定能量后克服原子核的吸引，从样品表面逸出来成为（真空中的）自由电子，即为二次电子。二次电子的能量低于 50eV，大部分在 2～3eV 之间。二次电子的产生与样品外表的高低凹凸有密切关系，逸出深度约为 5～10nm。如果样品厚度比入射电子的有效穿透深度小得多，入射电子将穿透样品形成透射电子。透射电子可用来高倍率观察样品形貌，高分辨率观察原子、分子和点阵格子像，以及用来获取晶体的电子衍射图谱进行

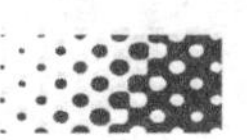

晶体结构分析。如果样品原子的内层电子因电离或激活而空位，外层电子填充内层的电子空位而释放多余的能量，由此形成特征X射线，其逸出深度一般为几个微米；如果这种多余的能量以无辐射的形式传递给第二个电子并使之发射出来即为俄歇电子，逸出深度约为0.4～2nm。电子束作用于物质上，在作用点深处经过非弹性散射出来的能量高于50eV的电子称作背散射电子。

2.13.2 电子显微镜的分辨率

正常情况下，人眼能够分辨的两点之间的最小距离约为0.2mm。当两个物体在相距不到0.2mm时，人眼就会把它们当作一个物体。通过人眼要了解更加细微的物体，则要借助设备进行放大来观察。例如，放大镜、光学显微镜和电子显微镜等。光学显微镜的有效放大倍率约为2000倍。通过它的放大，人眼可以分辨出小到100nm的细节。光学显微镜利用光线通过透镜时的折射聚焦原理成像，即物体发出的光线经过物镜形成物体的倒立放大的实像，然后实像通过目镜形成放大的虚像。因此，人眼通过目镜所看到的不是物体本身，而是经过两次放大后形成的虚像。相比于光学显微镜，电子显微镜中用电磁透镜（电磁场）替代光学透镜，然后利用物体发射出来的电子通过电磁透镜聚焦成像。通过电子显微镜，人眼可以看到更小的物体细节，如1nm的细节。正是因为有效地突破了光学显微镜的限制，电子显微镜具有了更高的有效放大率，从而被广泛地应用于各种研究领域。实际的材料测试中，可能更需要关注的是电镜的分辨率，因为分辨率决定了电镜的有效放大率。只有在有效放大率的前提下增加放大倍数，才有可能增加图像的细节。有效放大率（M）被定义为M=人眼分辨率（约0.3mm）÷仪器分辨率。例如，最小分辨率为1nm的扫描电镜，其有效放大率$M=(0.3\times10^6\text{nm})\div1\text{nm}=300000$（倍）。然而，日常的实际测试中，由于电子光学系统的污染以及材料本身的问题，电镜的实际分辨率要大打折扣，即无法得到需要的理想放大率。

2.13.3 透射电子显微镜的组成与成像原理

透射电子显微镜（Transmission Electron Microscope，TEM）利用透射电子成像来分析样品。透射电子显微镜主要由照明系统和成像系统、记录系统、真空系统和电子器件等系统组成。在透射电子显微镜的电子光学部分（包括照明系统和成像系统）中，一般包括电子枪、（两级）聚光镜、光阑、对中装置、物镜（包括物镜光阑）、选区光阑、中间镜和投影镜等部件。

图2-27为透射电子显微镜的光路原理示意图。电子枪的阴极灯丝在电场加热下发射电子束，电子束经过两级聚光镜（电磁透镜）聚焦形成一定大小的电子束斑。为减小像差，在第二级聚光镜后采用了光阑（孔径的尺寸一般为100μm、200μm或500μm）。电子束照射到样品上后，由于样品的厚度在纳米尺度范围，电子从样品中透射过来，经由物镜成像；由物镜所得的物像，经过中间镜二次成像；然后，经过投影镜再次成像，投射到荧光屏上。

入射电子被样品中的原子散射后，偏离入射方向的角度称作散射角。一个电子被原子散射，散射角大于或者等于某一定角的概率称为样品物质对电子的散射截面。一张电子显微图像都是由亮度变化的像点构成的。这种亮度变化实际上反映了电子波强度的变化。图像上，

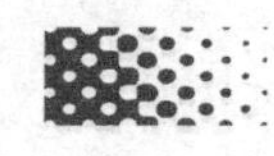

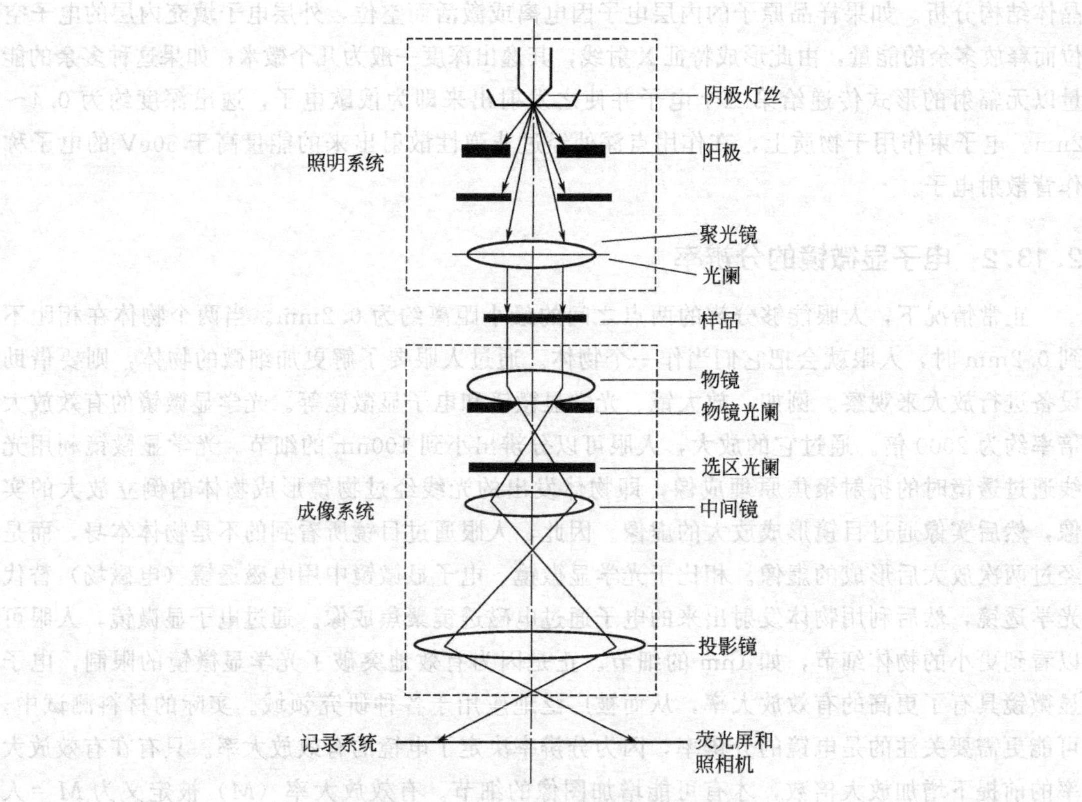

图 2-27　透射电子显微镜光路原理

越亮的地方表示到达的电子数量越多、电子波强度越大；暗的地方表示到达电子的数量越少、电子波强度越小。这种电子波强度的变化就形成了所谓的衬度。透射电子显微的图像衬度主要与散射衬度有关。

散射衬度也就是质量-厚度衬度。当样品物质存在厚薄不一或者密度不一的情况时，穿越样品薄层区或者低密度区的电子基本上不受散射作用的影响，经过这些区域的电子都能够从样品中透射出来，并经过物镜光阑而参与成像。来自于这些区域的电子波强度高，在显微图像中表现为亮的区域；相反，穿越样品厚层区或者高密度区的电子受到较强的散射作用，散射角度较大的电子被物镜光阑阻挡了不能参与成像，只有散射角度较小的电子穿越物镜光阑而参与成像，显微图像上对应于这一区域位置上的电子波强度弱，表现为暗的区域。因此，在显微图像中，这种明暗对比提高了图像的衬度。

除了质量-厚度衬度外，另一种常用的成像技术是衍射衬度成像技术。当电子束穿越晶体样品时，除了会散射外，还会产生电子衍射现象。衍射束强度取决于晶胞内原子的种类、位置以及占有率。衍射衬度成像是一种单衍射束成像技术，其最大的特点是对于物镜光阑的使用，即利用光阑选择特定的某一电子衍射束（透射束或者衍射束）成像。利用物镜光阑使透射电子束穿过而成像时，得到的是所谓的明场成像［图 2-28(a)］；通过偏转入射光束方向使某一衍射束穿过物镜光阑而成像时，得到的是所谓的暗场成像［图 2-28(b)］。通过改变物镜光阑位置也可以使衍射光束穿过物镜光阑而获得暗场成像。目前，大多数情况使用这种中心暗场成像技术，即不改变光阑的位置，而是通过对中装置改变衍射束的方向，使其沿竖直方向（透镜光轴方向）穿过光阑成像在显示屏上。

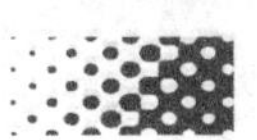

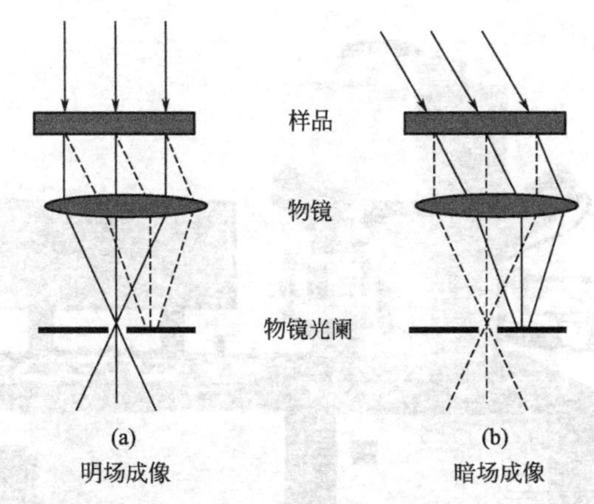

图 2-28 衍射衬度成像原理

透射电镜主要是探测分析从材料另外一侧射出来的电子，用以来表征分析材料的晶体结构和进行图像分析。图像分析也就是利用各种衬度来观察织构、位错、孪晶、层错等。

2.14 扫描电子显微镜的简介与使用

二次电子是在入射电子束的作用下被轰击而离开样品表面而发射出来的样品中的弱束缚价电子。二次电子的能量比较低（小于 50eV），仅在材料表面 5～10nm 深度的才能逸出来。在入射电子束作用点下面较深处、经过非弹性散射而逃逸出来的能量高于 50eV 的发射电子称作背散射电子。扫描电子显微镜（Scanning Electron Microscope，SEM）主要是通过探测材料发射出来的这两类电子信息对材料表面或断口进行形貌观察和成分分析。

2.14.1 扫描电镜的分类

在扫描电镜的发展历程中，最初是利用钨灯丝电子枪来获得电子束。为克服钨灯丝工作温度高、寿命短的缺点，现在的扫描电子显微镜主要以钨单晶作为电子枪发射体（阴极）来获取电子束。场发射电子显微镜在靠近钨单晶的尖端用强电场使其发射电子，并根据发射体工作温度分为热场发射和冷场发射两种类型。冷场发射是阴极温度在室温范围，热场发射的阴极要加热到约 1500℃。热场发射电子显微镜具有发射电流密度大、电子束流稳定度高、可连续工作等优点；冷场发射电子显微镜具有灯丝寿命长、电子束流直径小、维护费用低以及电子束能量扩展范围窄等优点。场发射电子显微镜的缺点主要是容易受到环境震动和外界电磁场的干扰。

2.14.2 扫描电镜的构造与工作原理

扫描电子显微镜主要由电子光学系统、电子探测系统、真空系统、扫描系统、样品室和计算机控制显示系统等部分组成。下面以德国蔡氏∑IGMA HD 扫描电子显微镜（图 2-29）为例，简单介绍电镜的构造、工作原理和操作流程。

图 2-30 为德国蔡氏∑IGMA HD 扫描电子显微镜实物图。扫描电子显微镜的成像原理可简单概括为：①电子枪发射电子；②电子束在加速电压作用下，通过聚光镜、光阑和物镜

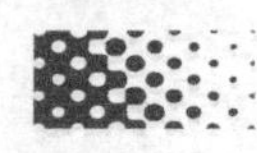

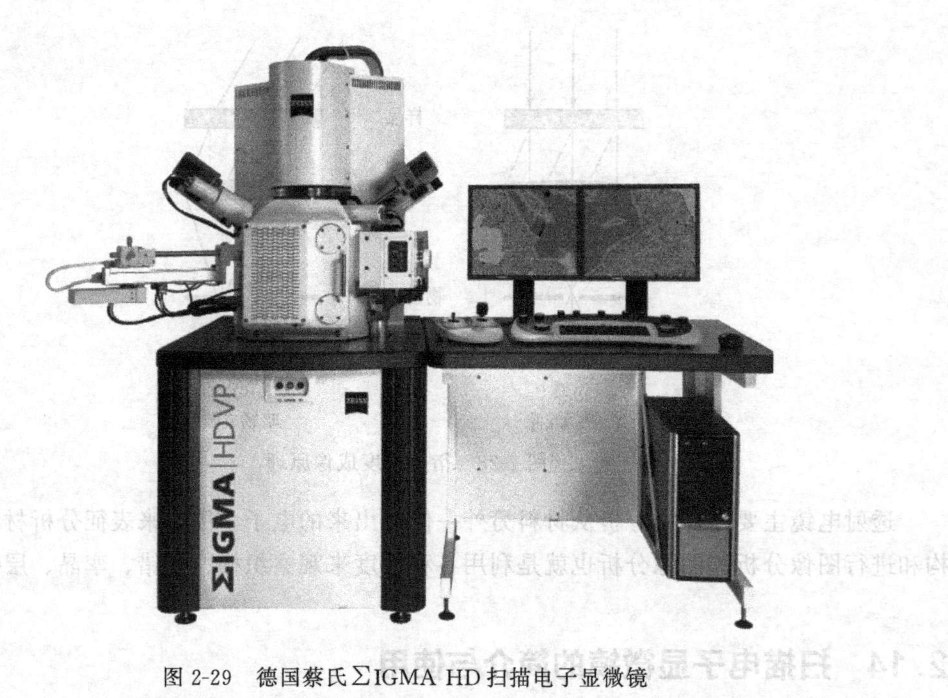

图 2-29　德国蔡氏∑IGMA HD扫描电子显微镜

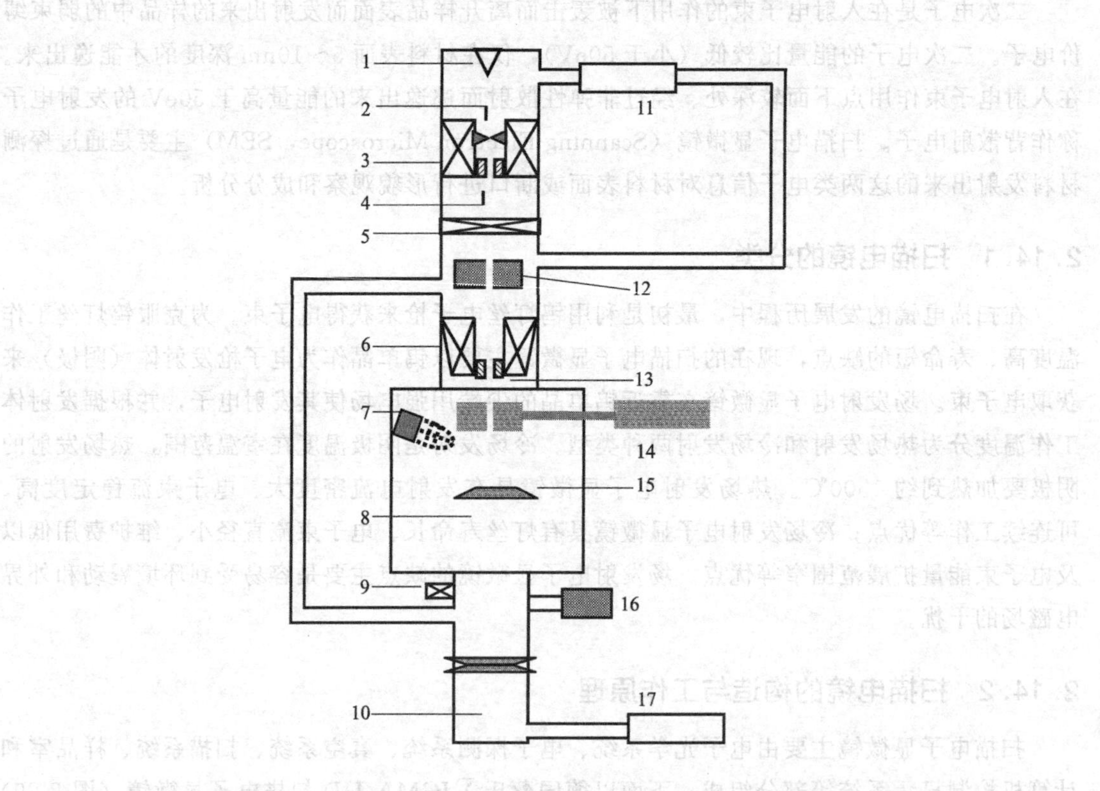

图 2-30　德国蔡氏∑IGMA HD扫描电子显微镜结构示意图

1—电子枪；2—光阑；3—聚光镜；4—像散校正装置；5—柱室阀；6—物镜；7—ET-ES探测器；
8—样品室；9—出气阀；10—涡轮泵；11—离子溅射泵；12—In-lens探测器；13—扫描线圈；
14—BSE探测器；15—样品架；16—真空计；17—前级真空泵

后，形成直径为几纳米的电子束；③电子束入射到材料表面，在扫描线圈在作用下，电子束在材料表面逐点扫描；④探测器收集材料中散射出来的电子，在另一扫描线圈的帮助下，在计算机上把发射电子反映的信息逐点显示出来，从而获得材料微区的放大图像。

图 2-30 为德国蔡氏ΣIGMA HD 扫描电子显微镜结构示意图。在进行电镜测试时，首先应按要求将待测样品固定到样品台上，并把样品台固定在样品室的样品架上，然后打开前级真空泵和涡轮泵使样品室获得所需的真空度（通过真空计显示出来）；接着，打开柱室阀使样品室和柱室连通，通过一个或者两个离子溅射泵使枪头部分获得超高真空度；然后，打开电子枪和加速电压，电子束通过聚光镜、光阑和物镜后被聚焦缩小成截面为纳米级的光束；光束在扫描线圈的控制下对样品进行逐点扫描，产生二次电子；最后，二次电子撞击探测器中的闪烁体而释放出光子，光信号经光电倍增管转变为放大的电信号，最后通过计算机形成图像。

2.14.3 扫描电镜测试与操作

电镜测试过程主要包括如下步骤：装样品、抽取真空、开电子枪、开高压、生成图片、优化图片以及保存图片等。下面以德国蔡氏ΣIGMA HD 扫描电子显微镜为例，对探测器工作原理、探测器选择问题以及操作过程中的要点等问题进行简单介绍。

由于二次电子的产率和样品表面的凹凸曲折有关，因此二次电子可用来探测成像，由此反映材料的形貌和表面结构。入射电子束与样品表面法线夹角越大，二次电子的产率越高。由于样品表面的凹凸曲折情况不同，不同区域表面与入射电子束的夹角不同，因此不同区域所产生的二次电子数量不同，在电子图像表现为各部分明暗程度不同，从而得到材料表面形貌衬度。背散射电子产率也与表面形貌有关，但它更多的用来反映材料的组成差异，因为背散射电子产率是随所测材料中原子序数的增加而增加的。因此，扫描成像中更多是利用对背散射电子的探测来形成反映材料组成分布的成分衬度图像。

在进行电镜测试过程中，常常需要考虑是否需要镀膜、选用哪种类型的探测器等问题。样品是否需要镀膜与样品是否为绝缘材料有关。测试的样品为绝缘材料时，电子束和绝缘体材料相互作用后，会在材料表面聚集大量电子而使电镜图像中出现白色的条纹或区域，称作荷电现象。荷电现象导致的大量发白区域会严重影响对材料显微结构的分析。解决荷电问题的主要途径是通过在样品表面镀膜，如碳膜、金膜以及铂金膜，使集聚的电荷得到及时的消散；也可以通过采用低加速电压、高加速电压（击穿材料）和快速扫描等方式来减轻荷电的影响。一般情况下，镀金膜和铂金膜都采用离子溅射仪来进行，而镀碳膜既可以用真空镀膜仪也可以用离子溅射仪来进行。

要得到质量好的扫面电子显微镜图像，不但要保证仪器稳定，还要选择合适的加速电压、电子束流、物镜光阑孔径、工作距离以及材料倾斜角度等工作条件。例如，选择小的物镜光阑可使电子束流直径变小、分辨率变高、景深增大（图像立体感增强），但信噪比变小了。因此，在低倍率下观察粗糙表面时，可选用小的物镜光阑；而对衬度低的材料要用大的物镜光阑来增强信噪比。短的工作距离可以获得高的分辨率，但景深变小，拍摄高分辨率图像时要使用短的工作距离。材料倾斜角度大，图像信号强并且立体感也强，可以减少绝缘材料的表面荷电现象。

德国蔡氏ΣIGMA HD 扫描电子显微镜中标配的探测器包括 In-lens 探测器、ET-SE 探测器和背散射探测器。对于 In-lens 探测器来说，特别是在低电压下，如小于 5kV，应该设置尽可能小的工作距离如 2～4mm，同时应尽量避免样品的大角度倾斜，以便于能探测到更多的二次电子。In-lens 探测器的最大优势在于其高效的二次电子探测，特别是在低的加速电压下，因而能更好地反映出材料的表面信息（凹凸起伏等情况）。此外，In-lens 探测器直接从样品正上方观测成像，所得图像看上去有“平”的感觉，立体感不强，即没有好的形貌衬度。观察断裂面时，像平面是平的，且边缘效应比较明显。

ET-SE 探测器安置在样品室内壁上。因此，ET-SE 探测器是从样品侧面来探测样品的。ET-SE 探测器能够探测二次电子和少量背散射电子，不过这一小部分背散射电子的贡献可以忽略。因此，ET-SE 成像仍然是二次电子成像。它可以在电镜工作允许的整个高压范围内使用，不像 In-lens 只能在 20kV 及其以下使用。工作距离也同样对 ET-SE 探测成像产生重要影响。工作距离太小，样品距离透镜太近，大多数电子被静电场给偏转或者射到透镜本身上而不能被探测器探测到，因而成像时也产生阴影效应。一般最小的工作距离大概在 4mm。相反，对于 ET-ES 探测器来说，大工作距离下的成像是非常有利的。大工作距离下的低倍成像，对于样品台的定位或者在样品上找出一个特定的待测区域时是必不可少的。

BSE 探测器可以形成有效的成分衬度（组分分布差异）图像。BSE 探测器刚好位于最后一个棱镜（物镜）的下面，通过背散射电子成像可以从样品正上方大角度观测样品。BSE 主要应用于材料衬度成像，这种衬度性能基于材料的背散射系数。背散射系数随样品平均原子序数的增加而增大。原子序数越大，产生的背散射电子越多，成像区域亮度越大。在 BSE 探测器正中间有个孔洞（电子束由此射向样品表面）。因此，工作距离过大或者过小都不利于背散射电子的收集。工作距离过大，背散射电子从探测器外侧四周散射出去；工作距离过小，背散射电子从中间孔洞射出。最佳的立体角（背散射电子射出角度）存在于工作距离约为 9mm 的一个小范围内。样品朝 ET-ES 探测器倾斜有利于其成像，但倾斜样品会减低 BSE 探测效率，大角度倾斜会使更多的电子被正向（倾斜方向）散射，仅仅很少背散射电子可用于成像，因此仅小角度倾斜可被用于 BSE 探测。

2.15 能谱仪 EDS 的简介与使用

能谱仪（Energy Dispersive Spectrometer，EDS）是 X 射线能量色散谱仪的简称。EDS 主要通过与扫描电子显微镜组合进行材料显微分析，它是微区成分分析的主要手段之一。能谱仪能够同时快速得到各种样品微区内 Be-U 之间所有的元素，并且对元素的定性、定量分析可以在几分钟内完成。能谱仪所需的探针电流小，对样品损害小。检测限一般为 0.1%～0.5%，中等原子序数的无重叠峰主元素的定量相误差约为 2%。

高速电子束入射到样品中后，从样品中射出来的二次电子等可用于扫描电镜成像，从样品另一侧透射出来的电子可用于透射电镜成像。此外，也可以从样品中产生 X 射线。入射的高能电子被样品中原子的库仑场减速时，其减少的能量以 X 射线形式射出来，这类 X 射线的能量可以从零延伸至入射电子束的能量，故称作连续 X 射线；入射电子的能量传递给样品原子的某个内壳层电子而使其电离逃逸，在内壳层上产生一个空位，这时邻近外层电子跃迁到内层空位上，释放出多余的能量，产生 X 射线。这种 X 射线的能量对应于该原子发生跃迁的两电子层能级差，该能级差值为该原子所特有。因此，这种 X 射线被称作特征

X射线。如果检测出某个特征X射线的能量，则必将找到与之对应的原子，这是利用特征X射线对材料进行元素成分分析的理论依据。

如图2-31所示，能谱仪主要由探测器、放大器、脉冲处理器和计算机等部分构成。电子束撞击样品，从样品中射出的X射线，只有穿过准直器小孔的X射线才能被探测器探头收集，混入的电子如背散射电子会被电子捕集阱捕获消除掉。目前的薄窗大多采用聚合物材料，相比于以前的Be窗，它能够让低至100eV的X射线穿过。同时，通过这类聚合物材料可以密封探头，使其内部为真空环境。探测器中，Si晶体实际上是一个P区-本征Si-N区型二极管，即具有三层结构的P-I-N型二极管。入射X射线被Si晶体捕获后，在Si晶体的中部活动区（本征Si区）产生电子-空穴对。每一对电子-空穴对的产生要消耗掉X射线光子3.8eV，因此每一个能量为E的X射线光子所产生的电子-空穴对数量$N=E/3.8$。例如，金属Mn发出的X射线（$K\alpha$）的能量（E）为5.895KeV，在Si晶体中可形成1550个电子-空穴对。电子-空穴对在外加偏压作用下被分别拉开到Si晶体的两侧（P区和N区），在两侧形成聚集电荷。场效应管紧贴Si晶体，放大由X射线激发产生的电荷，并将电荷信号转为脉冲信号。X射线产生的脉冲信号很弱，需要提供低温来降低场效应管的噪声。脉冲信号被前置放大器初步放大，然后由主放大器进一步放大。在脉冲信号的放大过程中，始终保证脉冲幅度与入射X射线的能量成正比。最后脉冲信号被送入脉冲处理器，并经过一系列自动处理和分析，在计算机显示屏上形成能谱图与标准谱线对比，可以找出对应的元素。

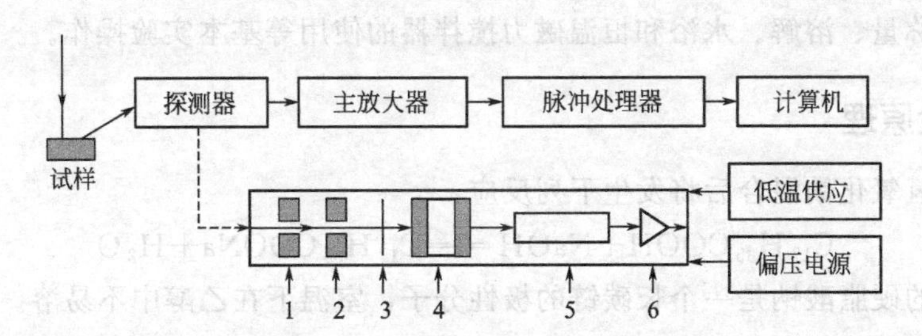

图2-31 硅探测器能谱仪结构示意图

1—准直器；2—电子捕集阱；3—薄窗；4—Si晶体；5—场效应管；6—前置放大器

值得注意的是，连续X射线是非特征辐射，它的能量与样品材料的组分无关。连续X射线产生的信号构成了能谱图的背底（连续谱），特征X射线产生的信号构成了能谱图上的特征谱峰。特征谱峰就叠加在这连续谱上，因此弱的特征谱峰就有可能被背底所掩盖。

EDS的分析方法有点、线以及面分析。电子束（探针）固定在样品某一点进行定性或定量分析，可高准确度的分析该点成分。对于低含量的元素只适宜采用点分析方法。电子束沿一条分析线进行扫描时，能获得元素含量变化的线分布曲线。结果和样品形貌对照分析，能够直观地获得元素在不同区域内的分布。电子束在样品表面扫描时，元素在样品表面的分布能在屏幕上以亮度或彩色分布形式显示出来（定性分析）。亮度越亮，说明元素含量越高。研究材料中杂质、相分布和元素偏析常用面分析法。此外，依据能谱中个元素特征X射线的强度值，可以确定样品中各元素的含量或者浓度，也就是可以进行元素的定量分析。

第3章 材料化学基础实验

3.1 固体酒精的制备

乙醇俗称酒精，燃烧时无烟无味，安全卫生。但是酒精是液体，较易挥发并且携带不方便。如果把液体酒精制成固体酒精，不但降低了挥发性而且易于包装和携带，使用更加安全。本实验以工业酒精为原料，利用溶胶-凝胶原理，制备固体酒精。

3.1.1 实验目的

（1）了解固体酒精的制备原理和实验方法。

（2）熟悉称量、溶解、水浴和恒温磁力搅拌器的使用等基本实验操作。

3.1.2 实验原理

硬脂酸与氢氧化钠混合后将发生下列反应：

$$C_{17}H_{35}COOH + NaOH \xlongequal{} C_{17}H_{35}COONa + H_2O \quad (3\text{-}1)$$

反应生成的硬脂酸钠是一个长碳链的极性分子，室温下在乙醇中不易溶。在较高的温度下，硬脂酸钠能够均匀地分散在液体乙醇中，而冷却后则形成凝胶体系，乙醇分子被束缚于相互连接的大分子之间，呈不流动状态而使乙醇凝固，形成了固体状态的酒精。如果在实验中加入硅酸钠等作为胶凝剂，可得到质地更加结实的固体酒精，同时可以助燃，使其燃烧得更加持久，并释放更多的热量。实验中，如果在上述乙醇溶液中适当加入硝酸铜溶液，或者使乙醇溶液保持一定的弱碱性，可使最后的固体酒精呈蓝色或者浅红色。实验中，所用原料的质量比见表3-1。

表3-1　固体酒精制备原料质量比

原料	乙醇	硬脂酸	NaOH
质量比/%	94.0	5.0	1.0

3.1.3 实验仪器与试剂

（1）仪器：恒温磁力搅拌器（带水浴），磁子，冷凝管，橡胶管，圆底烧瓶（100mL），量筒（50mL和10mL各一个），烧杯，吸管，玻璃棒，电子天平，称量纸，模具（自制）。

（2）试剂：乙醇（工业用乙醇≥95%），硬脂酸（$C_{17}H_{35}COOH$），8%氢氧化钠（NaOH）溶液，10%硝酸铜溶液，酚酞（指示剂）。

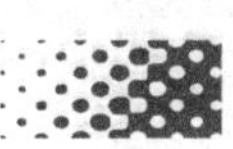

3.1.4 实验步骤

(1) 向100mL圆底烧瓶加入50mL乙醇、2.5g（约0.012mol）硬脂酸、两滴酚酞指示剂，搅拌均匀，装置回流冷凝管，水浴加热70℃，保温至固体溶解为止。

(2) 用8%氢氧化钠溶液8mL与8mL乙醇混合，配成混合碱液。将混合碱液滴加到(1)中的圆底烧瓶内，先快后慢，直至溶液颜色由无色变为浅红，然后浅红又缓慢褪去(pH值为7~8)为止。然后，在水浴上加热回流20min左右，使反应完全（距离反应停止还有5min时，可适量添加染色剂如10%硝酸铜溶液，用量染色即可）。

(3) 移去水浴，趁热倒入模具（如小烧杯），冷却凝固后取出即得到成品（可用纸盒包装或用塑料袋密封包装）。

(4) 取一小块产品，观察其颜色、透明程度和硬度，点燃观察其燃烧是否剧烈，是否有残渣。

3.1.5 思考题

(1) 实验过程中可能出现絮状沉淀，如果观察到了，其可能的原因是什么？

(2) 实验过程中药品的量必须非常准确吗，为什么？

(3) 实验产物真的是“固体”酒精吗？

(4) 查阅文献，了解如果所得固体酒精硬度不够，燃烧时容易熔化而流淌时可怎样改进实验？

3.1.6 注意事项

(1) 实验中，需要逐滴滴加NaOH溶液，避免NaOH过量，溶液pH过大。

(2) 玻璃仪器较多，注意不要打碎器皿，不要使破碎器皿弄伤手指或身体。

(3) 燃烧产物时，注意用量不要过多，避免燃烧过于激烈、时间过长。

3.2 胆矾($CuSO_4 \cdot 5H_2O$)的TG-DTA测试分析

制备材料的各种原料中有可能存在水分。原料的许多性质与其含的水分有关，在利用这种含水原料进行材料的制备过程中，有时需要考虑水的存在对制备反应过程带来的影响。本实验以五水硫酸铜晶体（胆矾）为原料，利用热重-差热分析仪（TG-DTA）测试其在高温过程中的质量改变和吸放热情况，了解$CuSO_4 \cdot 5H_2O$中水分的存在形式。

3.2.1 实验目的

(1) 了解原料中水分的存在形式。

(2) 了解热重-差热分析仪的工作原理。

(3) 初步掌握热重-差热分析仪测试数据的分析。

3.2.2 实验原理

根据原料中水的存在形式以及它们在晶体结构中的作用，可以把原料中水分的存在形式分为三类：第一类是不参与晶格的水，即与原料的晶体结构无关，统称为吸附水或者包体水；第二类是参与晶格或者与晶体结构密切相关的水，包括结晶水和结构水；第三类是过渡类型的水，如沸石水和层间水。吸附水不写入化学式，不影响晶体结构。常压下，在100～110℃加热时，吸附水就会全部从原料中逸出来而不破坏晶格的结构。结构水又称化合水，是以 $(OH)^-$、H^+、$(H_3O)^+$ 等离子形式参加化合物晶格的"水"，但以 $(OH)^-$ 的形式最为常见。例如，高岭石 $Al_4[Si_4O_{10}](OH)_8$ 和白炭黑（$SiO_2 \cdot nH_2O$）的水即以 $(OH)^-$ 的形式存在。这些"水"与其他质点有较强的作用力，通常需要加热到600～1200℃才能使它们逸出来。结晶水是晶体化学组成的一部分，它以中性分子的形式存在于原料中，在晶格中具有固定的位置，起着构造单位的作用。结晶水往往出现在具有大半径络阴离子的含氧原料中，例如胆矾 $CuSO_4 \cdot 5H_2O$。结晶水从化合物中逸出温度一般不超过600℃，通常在110～230℃之间。当结晶水失去时，晶体的结构会遭到破坏并重建而成新的结构。在同一化合物中，如果结晶水与晶格的联系牢固程度不同，会导致结晶水分阶段逸出，其对应的逸出温度可能相差较大。对于 $CuSO_4 \cdot 5H_2O$ 来说，其升温脱水和结构变化要经历如下过程：

$$Cu[SO_4](H_2O)_5 \xrightarrow{30℃} Cu[SO_4](H_2O)_3 \xrightarrow{100℃} Cu[SO_4](H_2O) \xrightarrow{400℃} Cu[SO_4]$$

胆矾（三斜）　　三水胆矾（单斜）　　泼水胆矾（单斜）　　铜锭石（斜方）

3.2.3 实验仪器与试剂

（1）仪器：热重-差热分析仪，研钵，刚玉坩埚（1mL）。

（2）试剂：胆矾（$CuSO_4 \cdot 5H_2O$），α-Al_2O_3（参比物）。

3.2.4 实验步骤

（1）测试 $CuSO_4 \cdot 5H_2O$ 的热重曲线。

（2）测试 $CuSO_4 \cdot 5H_2O$ 的差热曲线。

（3）分析 $CuSO_4 \cdot 5H_2O$ 加热过程中的质量变化情况。

（4）分析 $CuSO_4 \cdot 5H_2O$ 加热过程中的吸放热情况。

3.2.5 思考题

（1）原料中水分的存在形式有哪些，它们对原料的晶体结构有影响吗？

（2）差热分析仪的工作原理是怎样的？

（3）实验室以胆矾为原料，通过加热煅烧制备新鲜的铜锭。试根据本实验中所得的热重-差热曲线，拟设一个相应的煅烧温度制度。

3.2.6 注意事项

（1）电炉如带有水冷系统，应在升温前开启水冷系统。

（2）坩埚中的样品不要装得太满，以免加热溢出。

（3）测试完毕，电炉应冷却到300℃以下才能停止循环水系统。

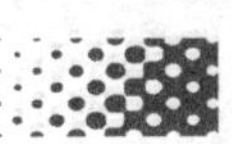

3.3 直接沉淀法制备白炭黑

白炭黑是微细粉末状或超细粒子状无水及含水二氧化硅或硅酸盐类的通称。平时所称的白炭黑为水合硅酸（$SiO_2 \cdot nH_2O$）。其中 SiO_2 的含量较大（>90%），原始粒径一般为10～40nm，其表面含有较多羟基，易吸水而成为聚集的微粒。白炭黑是一种无色、无毒、无定形的微细粉末，具有多孔性、高分散性、质轻、化学稳定性好，耐高温，不燃烧，电绝缘性强等优点。作为炭黑的替代品，白炭黑在化工和轻工业，例如橡胶、塑料、造纸、涂料、化妆品、油墨、牙膏及农工药等中具有广泛的应用。其中，最大的用途是作为橡胶的补强填料和牙膏的摩擦剂与增稠剂。白炭黑的粒径是影响其产品质量的主要因素之一。本实验中以水玻璃（硅酸钠）为原料，通过盐酸沉淀法制备白炭黑，即由水玻璃通过酸化获得疏松、细分散、以絮状结构沉淀出来的水合二氧化硅粉体。

3.3.1 实验目的

（1）巩固称量、溶解、搅拌、离心分离和干燥等基本实验操作。

（2）了解直接沉淀法制取白炭黑的原理和实验方法。

3.3.2 实验原理

硅酸钠经溶解（水玻璃）稀释后与盐酸反应得到白炭黑沉淀：

$$Na_2SiO_3 + 2HCl = H_2SiO_3 + 2NaCl \tag{3-2}$$

$$H_2SiO_3 + (n-1)H_2O = SiO_2 \cdot nH_2O \tag{3-3}$$

反应并不是直接得到 SiO_2 颗粒，而是首先生成原硅酸（H_2SiO_3），整个溶液为硅酸胶体溶液。SiO_2 可以从硅酸胶体溶液中缩合积聚成疏松、细小、分散的絮状结构，最后沉淀出白炭黑。硅酸由聚合到聚集，生成溶胶和凝胶或者生成颗粒的过程中，硅酸钠的浓度、反应温度和含盐量，尤其是 pH 值都会影响反应进程的快慢及反应的结果。所以，在实验中要严格控制硅酸钠的浓度、盐酸的加入速度以及反应的温度。

由于反应过程中极易形成凝胶，所以需要在溶液里事先加入一定量的氯化钠溶液作为絮凝剂（能够将溶液中的悬浮微粒聚集联结形成粗大的絮状团粒或团块的助剂）避免生成凝胶。

3.3.3 实验仪器与试剂

（1）仪器：恒温磁力搅拌器（带水浴），磁子，量筒（50mL 和 10mL 各一个），烧杯（150mL，两个），圆底烧瓶（250mL，双口或者三口），玻璃棒，电子天平，称量纸，滴液漏斗，铁架台，冷凝管，烘箱，电动离心机，pH 试纸，表面皿，研钵。

（2）试剂：硅酸钠（Na_2SiO_3），浓盐酸，氯化钠（NaCl），蒸馏水，无水乙醇。

3.3.4 实验步骤

（1）称取 6g 硅酸钠，加入装有约 45mL 蒸馏水的圆底烧瓶中，搅拌溶解，配制成浓度约为 12%的硅酸钠溶液，然后在 80℃下水浴恒温 10min。

(2) 用量筒量取20mL蒸馏水倒入一个烧杯中，加入10mL浓盐酸，搅拌得到浓度约为20%的稀盐酸。

(3) 量取去离子水约10mL，倒入装有2.5g氯化钠的烧杯中，搅拌得到浓度约为20%的NaCl溶液。

(4) 在硅酸钠溶液中边搅拌边加入20%的NaCl溶液，然后逐滴加配制的稀盐酸，当溶液中出现絮状沉淀（pH约为7~8）时停止加入盐酸，80℃下水浴恒温静置（陈化）30min。

(5) 陈化后，用一定量的蒸馏水搅拌洗涤，然后用电动离心机离心分离，重复洗涤2次。最后，用无水乙醇洗涤分离一次。

(6) 所得产物在120℃下烘干，研磨得到产品白炭黑。观察产物色泽，用手戳捏产物，感觉产物粒子的粗细大小。

3.3.5 思考题

(1) 实验过程可以分为哪几个主要步骤，其相应操作过程需要注意避免哪些不规范操作?

(2) 查阅文献资料，了解盐酸沉淀法制备白炭黑过程中，哪些因素可有效控制产物的尺寸大小?

3.3.6 注意事项

(1) 盐酸的滴加速度要控制好，过快地加入盐酸容易导致形成凝胶，从而使实验难以继续进行。

(2) 反应温度要控制在70~80℃之间，温度过低容易导致出现絮状沉淀。

(3) 如产物量较多，可取适量产物干燥以缩短时间。

3.4 均匀沉淀法制备ZnO纳米材料

ZnO是一种重要的Ⅱ-Ⅵ族半导体氧化物，属于宽带隙直接带材料（$E_g \geqslant 2.3eV$），广泛地应用于日常用品、塑料橡胶、太阳能电池、陶瓷工业、探测材料、压电材料、光波导和军事隐形等方面。目前，ZnO的研究主要集中在光电性质、光催化性质、气体探测器以及应用陶瓷等方面。纳米材料的兴起，使ZnO纳米材料制备与应用方面的研究受到了广泛地关注。本实验以尿素为沉淀剂，利用均匀沉淀法来制备纳米ZnO粉体材料。

3.4.1 实验目的

(1) 掌握均匀沉淀法的基本原理，利用均匀沉淀法制备ZnO纳米材料。

(2) 了解X射线粉末衍射仪的构造，熟悉X射线粉末衍射谱的测试步骤。

(3) 了解Jade软件进行物相检索的一般步骤。

3.4.2 实验原理

均匀沉淀法是利用某一化学反应使混合溶液中的某种构晶离子由溶液中缓慢均匀地释放

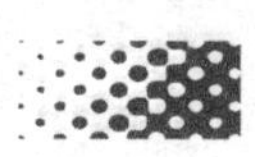

出来与其他离子形成沉淀而制备得到目标产物或者中间产物。换句话说，这种沉淀反应中，所加入的沉淀剂不能直接与被沉淀组分发生反应，这种沉淀剂在一定条件下发生化学反应所得到的某种产物与被沉淀组分发生沉淀反应。最初，沉淀剂溶解在溶液中；在一定条件下，其化学反应后的产物可以在整个溶液中均匀缓慢地析出；相比于直接沉淀法，均匀沉淀法克服了由外部向溶液中直接加入沉淀剂造成的沉淀剂浓度局部不均匀，保证了溶液中的沉淀反应处于一种平衡状态，使产物均匀缓慢地生成。因此，均匀沉淀法制备的产物具有粒子尺寸小、粒径分布较窄和分散性好等优点。本实验以硝酸锌为原料，以尿素为沉淀剂，利用均匀沉淀法制备 ZnO 纳米粉体材料。制备过程主要发生如下三种化学反应。

(1) 尿素分解反应：

$$CO(NH_2)_2 + 3H_2O \xrightarrow{\triangle} 2NH_3 \cdot H_2O + CO_2\uparrow \tag{3-4}$$

(2) 沉淀反应：

$$5Zn^{2+} + 6NH_3 \cdot H_2O + 3CO_2 + 2H_2O \longrightarrow Zn_5(OH)_6(CO_3)_2\downarrow + 6NH_4^+ + 4H^+ \tag{3-5}$$

(3) 热分解反应：

$$Zn_5(OH)_6(CO_3)_2 \xrightarrow{\triangle} 5ZnO + 3H_2O + 2CO_2\uparrow \tag{3-6}$$

3.4.3 实验仪器与试剂

(1) 仪器：恒温磁力搅拌器，磁子，电子天平，电热鼓风干燥箱，电阻炉，电动离心机，烧杯，量筒（50mL），刚玉坩埚，圆底烧瓶（150mL），球形冷凝管，胶管，X 射线粉末衍射仪。

(2) 试剂：硝酸锌 [$Zn(NO_3)_2 \cdot 6H_2O$]，尿素 [$CO(NH_2)_2$]，蒸馏水。

3.4.4 实验步骤

(1) 按硝酸锌浓度约 0.2mol/L、尿素浓度约 0.4mol/L，配置 50mL 混合溶液（其中硝酸锌的质量约 3g，尿素约 1.2g，二者溶于蒸馏水中，溶液总体积调为约 50mL），将混合液装入圆底烧瓶中。

(2) 将圆底烧瓶置于 90℃ 的恒温水浴中，装上回流管，搅拌保温约 2h。然后利用电动离心机离心分离沉淀，用蒸馏水洗涤沉淀 2～3 次。

(3) 将沉淀移至表面皿中，在电热恒温干燥箱中 100℃ 下恒温干燥 2h。

(4) 将沉淀移至刚玉坩埚中，在电阻炉中 450℃ 下煅烧 1.5h。

(5) 测试产物的 X 射线粉末衍射谱，利用 Jade 软件进行物相检索分析。

3.4.5 思考题

(1) 均匀沉淀法的反应原理是什么？

(2) 查阅资料，尝试利用谢乐公式计算产物中一次粒径的大小。

(3) 查阅资料，实验中可以利用哪些因素来控制最终产物粒径的尺寸大小？

3.4.6 注意事项

(1) 保证足够长的保温时间有利于提高产率。

(2) 利用Jade软件检索物相时，注意利用组成和FOM（Figure of Merit）值判断可能的物相结构。

3.5 高温固相法制备 $SrAl_2O_4$：Eu^{2+}，Dy^{3+} 长余辉发光材料

物质吸收一定的能量后（被激发），以光的形式释放多余的能量的过程叫发光。能发光的物质叫发光材料，俗称为荧光粉。例如，$SrAl_2O_4$：Eu^{2+}，Dy^{3+}是一种黄绿色的长余辉发光材料，其发光主要源自被称作发光中心的Eu^{2+}的发射。在紫外光的照射下，材料中的稀土离子Eu^{2+}吸收能量后，其最外层电子从基态跃迁至激发态。由于材料中存在缺陷（主要是由于Dy^{3+}不等价取代Sr^{2+}造成的），激发态电子被缺陷（能级）捕获而存储起来，不能立刻返回基态，这时对应的是能量的存储过程。在外界的作用如光照或加热下，被捕获的激发态电子挣脱缺陷能级的束缚，返回基态，能量被释放，即激发态电子以电磁辐射的形式释放能量返回基态，从而发光。因此，长余辉发光材料在激发以后的很长一段时间内都可能继续发光。目前，长余辉发光材料广泛地应用于建筑装饰、地铁通道、船舶运输、消防安全和室内装饰等领域。

3.5.1 实验目的

(1) 了解长余辉发光材料的发光机理。

(2) 熟悉高温固相反应的原理和特征。

(3) 掌握高温电阻炉的结构和使用方法。

3.5.2 实验原理

狭义的固相反应是指固体与固体之间的反应。常温下，不同于气体和液体，固体中的原子不能离开其平衡位置而长距离迁徙，因此，固相反应一般难以进行。但是，当固体物质被高温加热后，原子的运动能力被提高，因而促进了它们的移动，使不同固体物质中的原子相遇而发生化学反应。因此，固相反应一般包括界面反应和物质迁移两个过程。具体来说，固相反应首先在不同固体物质的接触界面进行，生成新的物相；新物相在界面生成以后会阻碍原料相的接触，从而阻碍反应的进行，这时原料物相的构成原子必须在外界作用（即高温加热）下扩散迁移，突破新物相的阻碍，彼此接触而继续发生反应，从而生成新物相。由此可见，固相反应发生的快慢与反应温度、接触界面面积以及反应物本身的组成和结构等因素密切相关。

发光材料的经典制备方法是高温固相法。本实验利用高温固相法来制备稀土离子激活的长余辉发光材料$SrAl_2O_4$：Eu^{2+}，Dy^{3+}。反应中，加入H_3BO_3作助溶剂以促进反应的进行。同时，加入活性炭使之不完全燃烧，生成的CO作还原剂使Eu^{3+}还原生成Eu^{2+}。相应反应原理如下：

$$SrCO_3+Al_2O_3+Eu_2O_3+Dy_2O_3 \xrightarrow[H_3BO_3]{1250℃} SrAl_2O_4:0.01Eu^{2+},\ 0.02Dy^{3+}$$

3.5.3 实验仪器与试剂

(1) 仪器：电子天平、研钵、刚玉坩埚、高温电阻炉（1300℃），X射线粉末衍射仪，

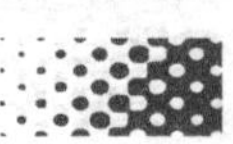

荧光光谱仪。

(2) 试剂：Al_2O_3（分析纯）、$SrCO_3$（分析纯）、Eu_2O_3（99.99%）、Dy_2O_3（99.99%）、H_3BO_3（分析纯）、炭粉（不含硫）。

3.5.4 实验步骤

(1) 称量研磨：在电子天平上分别称取 Eu_2O_3（0.0176g）、Dy_2O_3（0.0373g），Al_2O_3（1.0196g）、$SrCO_3$（1.4762g）和 H_3BO_3（0.1275g），把原料放入研钵中，研磨 1h。

(2) 移取：把混合均匀的原料转移到一个小的刚玉坩埚中，在另一大坩埚中放入一些活性炭粉，至少掩盖大坩埚底部，把装有原料的小坩埚置入大坩埚中，盖上坩埚盖，一起放进电阻炉中。

(3) 煅烧：电阻炉以 5℃/min 的速度升温至 1250℃，恒温 150min，断电后随炉冷却至室温。

(4) 产物观察与粉碎：拿出产物，观察形貌和颜色，粉碎研磨，在日光灯下或太阳下照射 10min，然后在暗处观察。

(5) 测试产物的 X 射线粉末衍射谱，进行物相检索分析。

(6) 测试产物的发射谱和激发谱。

3.5.5 思考题

(1) 高温固相法制备长余辉发光材料的基本过程有哪些，规范的操作中应该注意哪些事项？

(2) 查找文献，了解实验中添加 H_3BO_3 的作用有哪些？

(3) Eu^{2+} 和 Dy^{3+} 在产物晶体中占据原本由 Sr^{2+} 占据的格点位置，你能用克罗格-文克符号表示相应的缺陷吗？

(4) 高温电阻炉主要由哪些部分组成，使用过程中需要注意哪些事项？

3.5.6 注意事项

(1) 称量时注意天平的校正、清洁、药品移取方法及读数准确。

(2) 研磨时间要长，研磨时用力适当，不要使原料撒落到实验桌上。

(3) 剩余产物可防潮保存，以供今后使用。

3.6 固相法制备 γ-Fe_2O_3 纳米粉体

纯固相法制备的产物粒子通常具有尺寸大小不可控、尺寸分布宽以及团聚现象比较严重的缺点。如果把液相法和固相法结合起来，不但能够有效降低反应温度，并且能够有效地对产物粒子的形貌和尺寸进行调控。本实验结合液相法和固相法制备具有特定形貌的 γ-Fe_2O_3 纳米粉体，强调对实验过程中相关实验现象的观察、记录与思考分析。

3.6.1 实验目的

(1) 了解 Fe_2O_3 的结构和性质。

（2）利用固相法制备 Fe_2O_3 粉体。

3.6.2 实验原理

三氧化二铁（Fe_2O_3）的晶体具有 α 和 γ 两种不同的结构，其中 α-Fe_2O_3 是顺磁性的，γ-Fe_2O_3 是铁磁性的。天然矿物磁铁矿中的 Fe_2O_3 是 α 相。γ-Fe_2O_3 为 AB_2O_4 型尖晶石结构，其中的氧呈面心立方（fcc）密堆积。在较低温度下如 400℃时，γ-Fe_2O_3 开始转变为 α-Fe_2O_3。γ-Fe_2O_3 纳米微粒在室温下呈超顺磁性，没有剩磁和矫顽力，是一种处于亚稳定状态的磁性材料。γ-Fe_2O_3 纳米微粒具有良好的磁性、催化性和气敏性等性能，加之其成本低廉，因此纳米 γ-Fe_2O_3 作为气敏材料、磁记录材料和催化材料而具有广泛的应用。

通常利用液相法制备中间产物，然后对中间产物进行一定温度下的煅烧以制备 Fe_2O_3。当利用亚铁盐作为起始原料时，在实验过程中可以看到一系列现象，如颜色的明显变化。大致的制备过程可以概括如下：在碱性条件下，Fe^{2+} 与碱反应，首先生成 $Fe(OH)_2$ 白色沉淀；接着，所得混合物颜色转为灰绿；然后，沉淀进一步被氧化生成颜色由黄至橙的 FeOOH（羟基氧化铁，又称铁黄），或者生成黑色的 Fe_3O_4。中间产物 FeOOH 具有 α、β、γ 和 δ 等多种晶型，并且通过煅烧 FeOOH 也有可能获得具有不同晶体结构类型的 Fe_2O_3。本实验中，需要通过实验条件的控制以生成 α-FeOOH。如果条件控制不当，有可能生成 γ-FeOOH 或者 Fe_3O_4。实验中，可能发生的化学反应如下：

$$Fe^{2+} + 2OH^- \longrightarrow Fe(OH)_2 \downarrow \tag{3-7}$$

$$Fe(OH)_2 + O_2 \longrightarrow FeOOH(\text{或者 } Fe_3O_4) \tag{3-8}$$

$$FeOOH \xrightarrow{\triangle} \gamma\text{-}Fe_2O_3 \tag{3-9}$$

中间产物 α-FeOOH 属于正交晶系，通常呈针状晶体，一定条件下容易在（100）面产生孪晶。正是由于中间产物具有一定的形貌特征，通过相应的热处理可以获得具有一定形貌特征的目标产物 γ-Fe_2O_3。

3.6.3 实验仪器与试剂

（1）仪器：电子天平，烧杯，磁力搅拌器，电热恒温干燥箱、高温电阻炉，坩埚，电动离心机，X 射线粉末衍射仪，扫描电镜。

（2）试剂：硫酸亚铁（$FeSO_4 \cdot 7H_2O$），氢氧化钠溶液（NaOH），蒸馏水。

3.6.4 实验步骤

（1）在盛 20mL 蒸馏水的烧杯中加入 4.87g $FeSO_4 \cdot 7H_2O$，搅拌使其溶解；在另一盛 20mL 蒸馏水的烧杯中加入 2.8g NaOH，搅拌使其溶解。

（2）将 NaOH 溶液迅速倒入 $FeSO_4$ 溶液中，剧烈搅拌 30min，离心分离，沉淀在 80℃下充分干燥，得中间产物。

（3）中间产物置于电阻炉中，300℃下煅烧 60min，断电后随炉冷却至室温。

（4）测试产物的 X 射线粉末衍射谱，在扫描电镜下观察产物的形貌。

3.6.5 思考题

（1）液相反应过程中出现了哪些实验现象，如何解释？

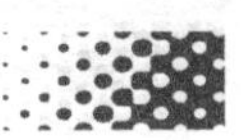

（2）液相反应过程中，除了生成 α-FeOOH 外，可能还会生成哪些其他中间产物？

（3）查阅资料，了解中间产物的产生主要受控于哪些实验条件。如果所得中间产物中存在 α-FeOOH 以外的其他产物，可能是何原因引起的？

3.6.6 注意事项

（1）本实验中，液相反应温度不宜超过 40℃，否则出现 Fe_3O_4 沉淀。

（2）可以预留部分中间产物，测试其 XRD 谱，分析中间产物的组成和结构。

（3）有人认为，液相反应中，新鲜的 $Fe(OH)_2$ 沉淀溶解在强碱溶液中，形成六羟基合亚铁离子 $Fe(OH)_6^{4-}$，灰绿色归结于这种离子的存在。

3.7 溶胶-凝胶法制备 $BaTiO_3$ 粉体材料

钛酸钡（$BaTiO_3$）具有典型的钙钛矿结构，它是电子陶瓷领域应用最广的材料之一。为了利用粉体颗粒尺寸大小实现对材料物理性能的有效调控，现代陶瓷粉体必须具有高纯、超细和粒径分布窄等特点。相比于固相法，液相法很容易获得具有上述特点的粉体颗粒。液相法包括沉淀法、溶胶-凝胶法、水热法和微乳法等方法。本实验利用溶胶-凝胶法（Sol-Gel）制备 $BaTiO_3$ 粉体材料。

3.7.1 实验目的

（1）了解溶胶-凝胶法的基本原理，利用溶胶-凝胶法制备 $BaTiO_3$。

（2）学习利用热分析结果初步拟定固相法的温度制度。

3.7.2 实验原理

溶胶-凝胶法是指金属有机或无机化合物经过溶解、溶胶、凝胶而固化，再经热处理而成目标产物的方法。无论所用原料为无机盐还是金属醇盐，其主要反应步骤是原料溶于溶剂（水或者有机溶剂）中形成均匀的溶液，溶质与溶剂发生水解或者醇解反应，形成溶胶粒子，溶胶粒子通过缩聚形成三维网络状的凝胶。形成凝胶的过程，反应复杂，产物结构多样。本实验以钛酸丁酯 $Ti(OC_4H_9)_4$ 和醋酸钡为原料，通过溶胶-凝胶法制备 $BaTiO_3$ 粉体材料，制备过程中最基本反应如下。

（1）水解反应：$Ti(OC_4H_9)_4 + xH_2O \longrightarrow Ti(OC_4H_9)_{4-x}(OH)_x + xC_4H_9OH$

水解前，如果把 $Ti(OC_4H_9)_4$ 溶解于某种有机酸如冰醋酸中，可生成 $Ti(OC_4H_9)_{4-x}$-$(OCOCH_3)_x$，这样可以减缓醇盐的水解速度。水解反应可以一直进行，直到彻底水解生成 $Ti(OH)_4$。

（2）缩聚反应（失水或者失醇）：

$$—Ti—OH + HO—Ti— \longrightarrow —Ti—O—Ti— + H_2O$$

$$—Ti—OC_4H_9 + HO—Ti— \longrightarrow —Ti—O—Ti— + C_4H_9OH$$

由于不断发生水解、缩聚反应，溶液的黏度不断增加，最终形成具有“—金属—氧—金属—”网络结构的凝胶。一般认为，反应过程中醋酸钡存在于凝胶的表面，通过后期热处理

最后形成 $BaTiO_3$。稳定透明溶胶的形成，取决于反应过程中水解和缩聚反应的速度控制，而这种速度控制可以凭借溶液 pH 值、溶剂种类，溶质浓度、反应温度以及水的含量等因素调控得以实现。

3.7.3 实验仪器与试剂

(1) 仪器：烧杯（50mL），吸量管（10mL），量筒（10mL），滴管，电子天平，磁子，恒温磁力搅拌器，水浴锅，恒温干燥箱，刚玉坩埚，热重-差热分析仪，X 射线粉末衍射仪。

(2) 试剂：钛酸丁酯 [$Ti(OC_4H_9)_4$]，醋酸钡（$BaC_4H_6O_4$），冰醋酸，乙酸（质量分数为 36%），无水乙醇。

3.7.4 实验步骤

(1) 无水乙醇 3.6mL 和钛酸丁酯 3.5mL（0.01mol），依次加入 50mL 烧杯中，边搅拌边滴入 2mL（0.12mol）的冰醋酸，滴加完继续搅拌 15min。

(2) 在 10mL 乙酸中溶解 2.6g（0.01mol）醋酸钡，溶解混合均匀。

(3) 搅拌下，把醋酸钡溶液逐滴加入到钛酸丁酯的混合溶液中，滴加完后用冰醋酸调节 pH 值到 5，继续搅拌反应 10min。

(4) 将反应混合物静置于 80℃的水浴中凝胶化；然后将所得凝胶置于表面皿中 120℃下烘干，研磨得到干凝胶粉末。

(5) 将干凝胶粉末在热重-差热分析仪上进行差热分析；在热重-差热分析基础上，拟设一温度制度。

(6) 根据温度制度，高温煅烧干凝胶制备 $BaTiO_3$ 粉体材料，测试产物 XRD 谱，分析产物的组成与结构。

3.7.5 思考题

(1) 查找文献，了解在溶胶-凝胶反应中影响水解-缩聚反应的因素有哪些？

(2) 利用差热和热重曲线，分析干凝胶煅烧过程中相应的物理化学变化，为干凝胶的煅烧拟一个合理的温度制度。

3.7.6 注意事项

(1) 实验中，玻璃仪器要保持干燥，避免钛酸丁酯遇水而直接发生水解反应。

(2) 调节 pH 值时，要搅拌充分，避免 pH 值判断出现偏差，影响溶胶的生成。

(3) 如果不考虑干凝胶升温过程中的吸放热情况，可以直接将干凝胶粉末在 800℃下煅烧 4h 以获得 $BaTiO_3$ 粉体材料。

3.8 柠檬酸溶胶-凝胶法制备 $CaMnO_3$ 热电材料

热电材料是一种能将热能和电能相互转换的功能材料，它在汽车和工厂的废热利用方面，以及空间发射器的电力装置方面具有广泛的应用前景。1823 年发现的塞贝克效应为热

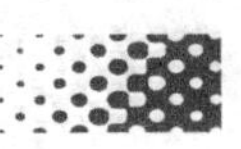

电能量转换提供了理论依据。$CaMnO_3$ 属于正交晶系，具有钙钛矿晶体结构，是一种潜在的热电氧化物。$CaMnO_3$ 的塞贝克系数在室温下可达 $-350\mu V/K$。本实验以柠檬酸（H_3Cit）为络合剂，通过溶胶-凝胶法制备 $CaMnO_3$ 粉体材料。

3.8.1 实验目的

（1）了解热电材料的概念和应用。

（2）了解柠檬酸溶胶-凝胶法的基本原理。

（3）利用柠檬酸溶胶-凝胶法制备 $CaMnO_3$ 热电材料。

3.8.2 实验原理

溶胶-凝胶法是一种典型的湿化学法，因合成温度低，组分均匀，在无机粉末材料的制备方面具有广泛应用。以柠檬酸为配合剂来制备凝胶，主要是利用柠檬酸和某些阳离子形成螯合物，再通过螯合物与多羟基醇聚合形成固体聚合物树脂，最后煅烧树脂以获得目标产物。

```
       CH2COOH
         |
  OH—C—COOH
         |
       CH2COOH
```

柠檬酸的结构式

柠檬酸是一种有机弱酸，在水溶液中存在三级电离平衡，在其溶液中存在 H_3Cit、H_2Cit^-、$HCit^{2-}$ 和 Cit^{3-} 四种离子（或分子）。pH＝1～3 时，溶液中 H_3Cit 分子浓度最高；pH＝4 时，溶液中 H_2Cit^- 的浓度最大；pH＝5～6 时，溶液中 $HCit^{2-}$ 的浓度最大；pH＝7～14 时，溶液中主要是 Cit^{3-}。在酸性条件下，金属离子如 Ca^{2+} 与柠檬酸形成配合物，可能存在的形式为 CaHCit，然后配合物利用剩余的羧基进一步与乙二醇聚合。所有柠檬酸溶液中应该使 Cit^{3-} 的浓度尽量小，因而 pH 值要小于 5 最佳。

柠檬酸是一种重要的有机酸，无色晶体，常含一分子结晶水，易溶于水。制备柠檬酸凝胶的关键在于：金属阳离子和柠檬酸的配合以及柠檬酸和乙二醇的酯化聚合。pH＝5 时，金属阳离子与 $HCit^{2-}$ 上的 O 通过配位键形成不同形式的配合分子，例如与柠檬酸中相邻的两个羟基配合，与柠檬酸中两个相间的羟基配合，甚至与两个不同柠檬酸分子中的一个羟基分别配合。柠檬酸盐的溶胶经过缩水聚合，黏度增大，流动性变弱，最后将水溶液包裹在内而形成三维网络状结构。当柠檬酸盐上有剩余的羧基时，就有可能与羟基发生酯化甚至聚合反应。如果加入乙二醇等多元醇，则可将不同的柠檬酸离子通过醇聚合在一起，促进具有一定空间结构的凝胶的形成。不加入乙二醇时，聚合体也可能通过分子间氢键作用而形成交联。正是因为金属阳离子通过这种凝胶结构，可以与不同的离子均匀分散，彼此间达到原子水平的接触，经过一定的温度处理后可以获得粒径很小、尺寸分布窄的粉体材料。

此外，当金属阳离子以硝酸盐的形式引入时，高温处理过程中，硝酸盐中的 NO_3^- 具有氧化性充当氧化剂，柠檬酸盐中的羰基充当还原剂，两者之间发生氧化还原反应放出大量热促使反应的进行。因此，以柠檬酸作为配合剂的溶胶-凝胶法，同时具有自蔓延高温法的优点。

3.8.3 实验仪器与试剂

(1) 仪器：烧杯，电子天平，恒温磁力搅拌器，高温电阻炉，恒温干燥箱，研钵，刚玉坩埚。

(2) 试剂：硝酸钙 [$Ca(NO_3)_2 \cdot 2H_2O$]，硝酸锰 [$Mn(NO_3)_2 \cdot 4H_2O$]，柠檬酸 ($C_6H_8O_7 \cdot H_2O$)，蒸馏水，乙二醇，氨水。

3.8.4 实验步骤

(1) 称取 2.0g 硝酸钙 (0.01mol)，2.5g 硝酸锰 (0.01mol)，加入适量的蒸馏水 (20mL)，搅拌使其溶解形成透明溶液。

(2) 在上述溶液中加入 0.62g 乙二醇 (0.01mol)，搅拌使其溶解。

(3) 乙二醇溶解后，加入 4.2028g 柠檬酸 (0.02mol)，激烈搅拌直至形成透明溶液，用适量氨水调节 pH 值约为 5。

(4) 调节 pH 值后，将溶液在 85℃下恒温水浴，直至生成棕色溶胶。

(5) 棕色溶胶在 120℃下干燥，完全脱水后形成干燥蓬松的深褐色干凝胶。

(6) 把干凝胶在研钵中研磨细，移至刚玉坩埚中，电阻炉中 1000℃恒温煅烧 5h，得 $CaMnO_3$ 粉末。

3.8.5 思考题

(1) 实验过程中，柠檬酸的作用有哪些？

(2) 实验中，乙二醇的量可以改变吗，如果不加乙二醇，是否可行？

(3) 查阅文献，对柠檬酸酸溶胶-凝胶法制备产物的结构、尺寸大小等产生影响的主要因素有哪些？

3.8.6 注意事项

(1) 实验过程中，柠檬酸与金属阳离子的比例、pH 值的大小以及用水量的多少等对凝胶的出现和产物都会产生影响，实验过程中可以适当调整相应参数。

(2) 实验中，水和阳离子的摩尔比一般在 30～40 之间。

3.9 水热法制备 $Ca_{10}(PO_4)_6(OH)_2$ 纳米材料

羟基磷灰石 [$Ca_{10}(PO_4)_6(OH)_2$] 是人体骨和牙齿的主要无机质成分。作为一种人工合成材料，它在人工骨、药物缓释、气体感测器、催化剂、光电材料、化学工程和环境工程等领域应用广泛。通常用于制备形貌可控羟基磷灰石的方法有水热法、微乳液法和微波法等。水热法在纳米羟基磷灰石的合成上具有显著的优点，获得的产物结晶度高，一般不需要后续高温处理，团聚少，纯度高，形态、尺寸可控。本实验利用水热法制备 $Ca_{10}(PO_4)_6(OH)_2$ 纳米材料。

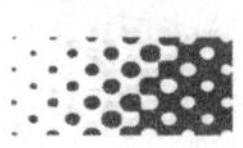

3.9.1 实验目的

（1）了解水热法的基本原理。

（2）了解磷灰石的结构特征。

（3）学习羟基磷灰石的水热制备方法。

3.9.2 实验原理

水热法是指在一定温度和压强条件下利用水中的反应物通过特定化学反应在液相中制备超微颗粒的一种方法。反应一般在特定类型的密闭制品或高压釜中进行。水热法制备材料时可将金属或其前驱物直接合成产物，不需要高温煅烧过程，避免了团聚的形成。利用水热过程的可控因素如反应介质、温度、填充度（50%～80%）、反应物浓度和矿化剂等可以有效控制产物颗粒的形貌和尺寸。其中，反应混合物占密闭反应釜空间的体积分数称为填充度。

羟基磷灰石晶体属P63/m空间群、六方晶系，其结构为六角柱体，可视作由羟基与磷灰石两部分组成，其中OH^-能被F^-、Cl^-或者CO_3^{2-}等代替，生成氟基磷灰石或氯基磷灰石。此外，钙离子也可以被多种金属离子通过发生离子交换反应代替，形成对应金属离子的磷灰石。在水热条件下，原料溶解分解成相应离子，最终形成产物。反应方程式如下：

$$10Ca^{2+}+6PO_4^{3-}+2OH^- \longrightarrow Ca_{10}(PO_4)_6(OH)_2$$

3.9.3 实验仪器与试剂

（1）仪器：电子天平，恒温磁力搅拌器，水热反应釜（25mL，带聚四氟乙烯内衬），恒温干燥箱，pH试纸，烧杯，抽滤瓶，循环水真空泵，量筒，X射线粉末衍射仪，扫描电镜。

（2）试剂：碳酸钙（$CaCO_3$），$CaHPO_4 \cdot 2H_2O$，氨水。

3.9.4 实验步骤

（1）把2.064g的$CaHPO_4 \cdot 2H_2O$（12mmol）溶解在装有20mL蒸馏水的烧杯中，同时加入0.8g的$CaCO_3$（8mmol），搅拌，用氨水调剂pH值约为6。

（2）将上述混合溶液转移到水热反应釜中，180℃恒温8h，然后自然冷却。

（3）用蒸馏水洗涤产物，抽滤分离，100℃恒温24h得到最后产物。

（4）测试粉末衍射谱，分析产物物相结构。

（5）利用扫描电镜观察产物的形貌特征。

3.9.5 思考题

（1）查阅资料，了解羟基磷灰石具有怎样的晶体结构特征。

（2）水热反应具有哪些优缺点？

（3）实验过程中，如何控制水热反应釜的填充度？

3.9.6 注意事项

（1）混合物转入水热反应釜中时，填充度不要超过80%，以防带来安全隐患。

（2）实验中，产物羟基磷灰石的形貌和尺寸大小可以通过适当改变温度如140℃、

160℃、200℃，改变恒温时间如 2h、4h、8h、12h；改变原料浓度如 0.1mol/L、0.5mol/L、1.0mol/L，溶液的 pH 值如 6、7、10、12 等进行调控。

3.10 水热法制备 NaA 型分子筛

分子筛又称合成沸石，是指具有纳米级规整孔道结构的铝硅酸盐化合物，孔径一般在 0.3～3.0nm 之间，按其晶体结构可分为 A 型、X 型、Y 型等类型。由于其特殊的孔道结构，分子筛已被广泛应用于吸附分离、催化和离子交换等领域。分子筛最常用的制备方法有水热法、微波法和蒸汽相转移法等。本实验利用水热法制备 NaA 型分子筛。

3.10.1 实验目的

(1) 了解沸石分子筛的结构特点和用途。

(2) 学习 NaA 分子筛的水热合成。

3.10.2 实验原理

LTA 型（NaA）分子筛属于 A 型分子筛，具有 0.41nm 的小孔径，即常说的 4A 分子筛。NaA 分子筛可以吸附临界尺寸小于 0.4nm 的小分子，在小分子吸附分离和有机物渗透蒸发脱水领域具有广阔的应用前景。NaA 分子筛的硅铝比为 1，其化学组成通式可表示为 $Na_2O \cdot Al_2O_3 \cdot 2SiO_2 \cdot 5H_2O$。分子筛晶体中的基本结构单元是硅氧四面体（$SiO_4$）和铝氧四面体（$AlO_4$），由于 Al^{3+} 是正三价的离子，由它们构成的骨架结构带负电，引入 Na^+ 后可以形成电中性的骨架。Na^+ 被 K^+ 与 Ca^{2+} 交换后分别称作 3A 型与 5A 型分子筛。分子筛中，初级结构单元即硅氧四面体和铝氧四面体，这些四面体可以通过共有氧形成多元环这类次级结构单元（有限的结构单元，区别于链和层等无限的结构单元），然后以这种多元环为面划分出分子筛中具有某种特征的笼形结构单元。因此，分子筛的骨架结构是由许多称为“笼”的多面体空穴构成。

合成 NaA 型分子筛时，反应原料所用量的比例可以在一定范围内变动，最常用的配比为 $Na_2O : Al_2O_3 : SiO_2 : H_2O = 3 : 1 : 2 : 185$（摩尔比），其中水的含量影响比较明显。水含量多时，溶液浓度太低容易导致单次产量过低；水含量少时，浓度过高会使操作过程中产生的凝胶难以混合均匀，导致产品的纯度下降。

NaA 沸石分子筛是目前亲水性最强的分子筛，其晶体结构中含有大量水分子，经过干燥脱水后，可变成不含水的物相。把不含水的分子筛用来吸附某些混合溶液中的少量水分，可实现分离干燥的目的。因此，NaA 分子筛可以用来做干燥剂等。

3.10.3 实验仪器与试剂

(1) 仪器：电子天平，烧杯，恒温磁力搅拌器，水热反应釜（50mL，带四氟乙烯内衬），电热恒温干燥箱，电动离心机，离心试管。

(2) 试剂：氢氧化钠（NaOH）、氢氧化铝［$Al(OH)_3$］、硅酸钠（$Na_2SiO_3 \cdot 9H_2O$），蒸馏水。

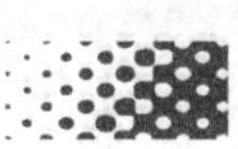

3.10.4 实验步骤

（1）在100mL烧杯中加入36mL蒸馏水（2mol），激烈搅拌下，加入2.5946g氢氧化钠（0.065mol），然后加入1.6865g氢氧化铝（0.022mol），搅拌直至全部溶解形成澄清透明溶液。

（2）在上述溶液中加入6.1405g硅酸钠（0.022mol），恒温30℃下搅拌30min，制得均匀的凝胶。

（3）把上述凝胶转入到50mL水热反应釜中，120℃下恒温5h，然后自然冷却至室温。

（4）水热产物用蒸馏水洗涤至pH值约为7，离心分离，在100℃℃下烘干得NaA型分子筛样品。

3.10.5 思考题

（1）设计一个简单的实验，估算NaA分子筛中的含水量。

（2）分子筛孔道结构的尺寸大小可否通过一定的化学手段进行调控呢？

3.10.6 注意事项

（1）实验过程中可以通过改变原材料的配比、合成温度、陈化时间、合成时间等参数来进行对比实验。

（2）凝胶转移到水热反应釜中时，填充度不要超过80%，以免带来安全隐患。

（3）原料中的硅酸钠可以用白炭黑（实验3.3制备产物）替代。

3.11 溶剂热法制备MOF-5金属-有机骨架材料

金属-有机骨架材料（Metal-Organic Frameworks，MOFs）是金属离子和有机多齿配体通过超分子自组装形成的一种具有多孔网络状结构的有机-无机杂化材料（Organic-Inorganic Hybrid Materials）。这种材料在储气、分离、催化、生物化学及载药等方面有着广泛的应用。例如，MOF-5是一种潜在的储氢材料，它是目前研究最为成熟的金属-有机框架材料之一。本实验提供了MOF-5的两种经典制备方法。

3.11.1 实验目的

（1）了解金属-有机骨架材料的结构和用途。

（2）制备金属-有机骨架材料MOF-5。

3.11.2 实验原理

MOF-5是由Zn^{2+}和1,4-对苯二甲酸（1,4-H_2BDC，$C_8H_6O_4$）构成的具有微孔结构的配合物［$Zn_4O(BDC)_3$］（如图3-1所示）。根据产物的组成，原料$Zn(NO_3)_2 \cdot 6H_2O$与对苯二甲酸的理论比例为4∶3，为了充分利用有机酸，一般提高$Zn(NO_3)_2 \cdot 6H_2O$的量进行反应，如本实验中二者的比例为2∶1。

$$4Zn(NO_3)_2 \cdot 6H_2O + 3H_2BDC \longrightarrow Zn_4(BDC)_3 + 23H_2O + 8HNO_3$$

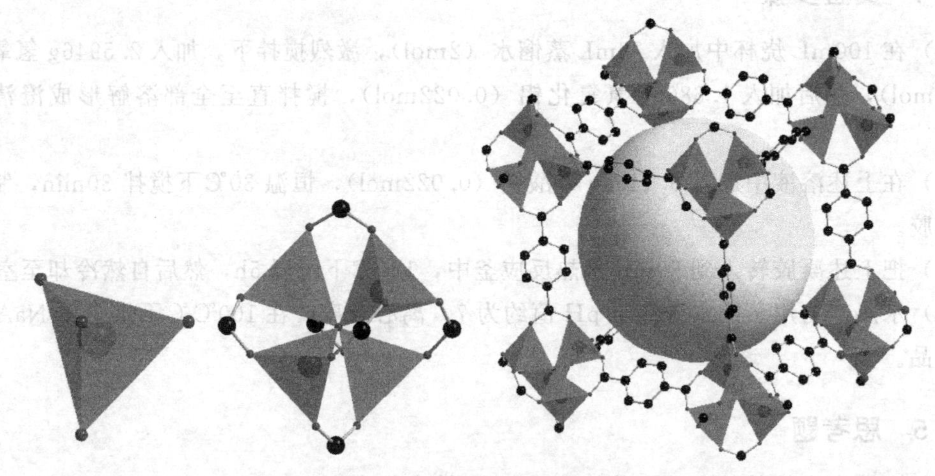

图 3-1 MOF-5 的多孔结构

在反应过程中，三乙胺使对苯二甲酸去质子化，去质子化的对苯二甲酸以四齿配体的形式与 Zn^{2+} 配位，形成 ZnO_4 四面体。如图 3-1，在 MOF-5 晶体中，在立方体的每个顶点处，可以视作是一个六连通的 $Zn_4O(CO_2)_6$ 原子簇，原子簇通过对苯二甲酸连接成三维网络结构。也可以说在每个顶点处，4 个 ZnO_4 四面体共一个 O 存在，同时，四个 ZnO_4 四面体通过六个—OCO—基团两两键连在一起，然后每个顶点之间通过一个对苯二甲酸根键连在一起。这种配合物的最大特点是，在立方体的中间形成了一个巨大的四方孔洞结构（8～12Å）。这种孔洞结构可以使 MOF-5 具有高达 2900～4000m^2/g 的比表面积（SSA，Specific Surface Areas）。

3.11.3 实验仪器与试剂

（1）仪器：烧杯，水热反应釜，恒温干燥箱，离心机，磁子，电子天平，量筒（50mL），吸量管（5mL），磁力搅拌器。

（2）试剂：$Zn(NO_3)_2 \cdot 6H_2O$，*N*，*N*-二甲基甲酰胺（DMF），三乙胺（TEA），对苯二甲酸（1,4-H_2BDC）。

3.11.4 实验步骤

（1）直接法制备 MOF-5

① 取 1.190g（4mmol）$Zn(NO_3)_2 \cdot 6H_2O$ 和 0.334g（2mmol）对苯二甲酸溶入 30mL 的 DMF 中，充分搅拌 30min。

② 然后将澄清液倒入烧杯中，添加 3mL 三乙胺，搅拌 2.5h。

③ 反应结束后，离心分离产物，用 DMF 冲洗 3 次，每次用量 15mL，接着将产物在 150℃温度下干燥 12h。

（2）溶剂热法制备 MOF-5

① 称量 1.190g $Zn(NO_3)_2 \cdot 6H_2O$ 和 0.334g 对苯二甲酸溶入 30mL 的 DMF 中，充分搅拌 30min。

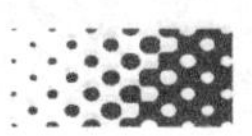

② 然后将澄清液倒入水热反应釜中，在恒温干燥烘箱中120℃反应12h。

③ 冷却后，离心分离产物，用DMF冲洗3次，接着将产物在150℃温度下干燥12h。

3.11.5 思考题

（1）在MOF-5这种产物中，对苯二甲酸根与Zn^{2+}的配位形式是怎样的，对苯二甲酸根可以以哪些形式与金属阳离子进行配位？

（2）怎样表征这种孔洞结构？扫描电镜可以观察到这种孔洞结构吗？

（3）查阅文献，既然在每个顶点之间是利用一个对苯二甲酸连接在一起（也可视作在顶点之间存在一个苯环结构），那么可用通过改变或者更换这种苯环结构来调整产物孔洞结构的大小吗？

3.11.6 注意事项

（1）适当改变Zn^{2+}和对苯二甲酸的比例，如为3∶1，可以获得不同结构的MOF-5。

（2）产物处理过程中，最后可用适量CCl_4（如15mL）浸泡产物以除去产物孔洞结构中吸附的DMF。

3.12 微乳法制备ZnS纳米粉体

ZnS是Ⅱ-Ⅵ族宽禁带半导体化合物，具有两种不同的晶型结构。立方相禁带宽度约为3.7eV，六方相的为3.8eV。ZnS在平板显示器、电致发光、非线性光学器件、阴极射线发光、发光二极管、太阳能电池、光催化和传感等方面有着广泛的应用。本实验利用双相微乳法制备ZnS纳米粉体。

3.12.1 实验目的

（1）了解半导体材料ZnS的结构和性能。

（2）熟悉微乳法的特点和基本原理。

（3）了解扫描电镜测试的大致流程和制样要求。

3.12.2 实验原理

微乳液是由表面活性剂、助表面活性剂、水溶液以及油（有机试剂）构成的四组分单相热力学稳定体系。制备无机纳米材料的微乳液通常是在大量的油里面分散无机物的水溶液，在表面活性剂的帮助下，把水溶液分散成纳米级的小水珠，让相应的化学反应在小水珠中发生。小水珠充当了一个“微反应器”，通过控制溶液浓度、表面活性剂的量以及水溶液的量等可以有效调控小水珠尺寸和形貌，达到控制产物粒子形貌和尺寸的目的。双相微乳法是把不同原料配制成两种微乳液，把两种微乳液混合，含有不同原料的小水珠在溶液中碰撞结合，彼此交换溶质而发生化学反应，如图3-2所示。

$$Zn^{2+} + S^{2-} \xlongequal{} ZnS\downarrow$$

在本实验中，以环己烷为油相，正己醇为助表面活性剂，十六烷基三甲基溴化铵

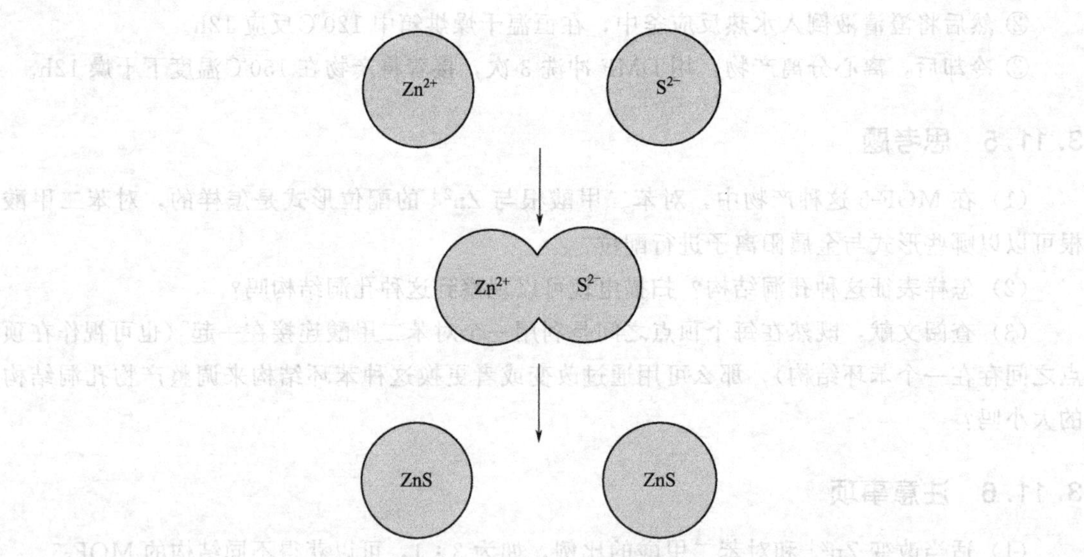

图 3-2 微反应器原理示意图

(CTAB) 为表面活性剂，分别配置含 $Zn(NO_3)\cdot 6H_2O$ 和 $Na_2S\cdot 9H_2O$ 水溶液的两种微乳液。也可以用曲拉通 X-100 作为表面活性剂。曲拉通 X-100 又叫辛基苯基聚氧乙烯醚或者聚乙二醇辛基苯基醚，英文名为 Triton X-100。如图 3-2，两种微乳液彼此混合后，其中的两种小水珠彼此碰撞结合、交换物质、迅速分开，反应生成 ZnS。由于水珠形貌和大小的约束，可以得到一定形貌和尺寸大小的 ZnS 沉淀。

3.12.3 实验仪器与试剂

(1) 仪器：吸量管（1mL 两支），吸量管（5mL），烧杯（50mL，2 个），塑料滴管（2 支），量筒（20mL），磁子，恒温磁力搅拌器，电热恒温干燥箱，离心机，离心试管，X 射线粉末衍射仪，扫描电镜。

(2) 试剂：$Zn(NO_3)\cdot 6H_2O$，$Na_2S\cdot 9H_2O$，正己醇，蒸馏水，环己烷，十六烷基三甲基溴化铵（CTAB）或者曲拉通 X-100（OP 乳化剂），乙醇。

3.12.4 实验步骤

(1) 配制水溶液，配制 2mol/L $Zn(NO_3)\cdot 6H_2O$ 和 2mol/L $Na_2S\cdot 9H_2O$ 的水溶液各 100mL。

(2) 在一只烧杯中，分别加入 15mL 环己烷，1mL $Zn(NO_3)\cdot 6H_2O$ 溶液，1.0130g CTAB 或者 1.7mL 曲拉通 X-100，然后逐滴加入 3.5mL 正己醇，边搅拌边观察混合液的变化，滴加完后继续搅拌 15min，得到含 Zn^{2+} 的微乳液。

(3) 在另一只烧杯中，按照步骤 (2)，分别添加相应试剂，但把 1mL $Zn(NO_3)\cdot 6H_2O$ 溶液换成 1mL $Na_2S\cdot 9H_2O$ 溶液，滴加完后继续搅拌 15min，得到含 S^{2-} 的微乳液。

(4) 在搅拌的同时，把含 S^{2-} 的微乳液缓慢导入到含 Zn^{2+} 的微乳液的烧杯中，把烧杯移到 40℃的水浴中，恒温反应约 60min，停止反应，冷却后离心分离，用 95%乙醇洗涤 3 次，把所得产物在 80℃下烘干。

(5) 对产物进行 X 射线粉末衍射谱（XRD）测试，分析产物的物相。

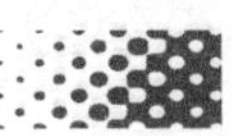

(6) 对产物进行扫描电镜（SEM）测试，分析产物的形貌。

3.12.5 思考题

(1) 能否利用 Jade 软件计算其相应的晶胞参数，并估算其尺寸大小呢？

(2) 查阅资料，了解哪些参数可用来调控微乳液中“微反应器”的形貌和大小，通常可以获得具有哪些形貌的“微反应器”。

(3) 查阅资料，结合实验，分析微乳法制备材料具有哪些优缺点。

(4) 利用 SEM 图，试分析产物形貌的可能形成机理。

3.12.6 注意事项

(1) 配制微乳液时，相应的玻璃仪器要干燥。如果室温较低，可适当加热到 30℃左右促进微乳液的形成。

(2) 微乳法制备产物的量通常比较少，洗涤时应尽量多收集产物。

3.13 微乳法合成 $YBO_3:Eu^{3+}$ 红色荧光粉

$YBO_3:Eu^{3+}$ 是一种经典的红色荧光粉，由于其在真空紫外波段具有较强的吸收，能够被 147nm 和 172nm 的真空紫外线有效激发而获得 Eu^{3+} 的典型红光发射，被认为是一种优良的等离子显示用红色荧光粉。通常，荧光粉的制备方法是高温固相法，但高温固相法所得产物团聚严重、产物粒子尺寸不均。本实验利用微乳法并结合溶剂热法，在低温下来制备形貌可控和尺寸大小均一的 $YBO_3:Eu^{3+}$ 荧光粉。

3.13.1 实验目的

(1) 了解微乳法的基本原理。

(2) 了解溶剂热法的基本原理。

(3) 熟悉 $YBO_3:Eu^{3+}$ 的制备方法。

3.13.2 实验原理

在微乳法的应用中，无机纳米材料的制备往往是用反相微乳法来进行，即用大量有机物作连续相，用水作分散相充当微反应器。因为无机盐通常在水中具有一定的溶解度，而在有机物中的溶解度可能就要小很多，甚至不溶解。利用微乳法制备的产物很多都是无定形的，要得到晶态产物需要进行进一步处理。其中，把微乳反应转移到水热釜中进行，可以视作是一种微乳-溶剂热的组合反应方式。例如，利用微乳反应，可以预先制备得到 $YBO_3:Eu^{3+}$ 的无定形产物，然后把混合物转移到水热釜中，在一定温度下恒温处理一段时间，在表面活性剂的作用下，无定形产物经过晶化并自我调整，可以得到具有特定形貌的 $YBO_3:Eu^{3+}$ 晶态产物。$YBO_3:Eu^{3+}$ 是一种经典的红色荧光粉，制备方法也是经典的高温固相法。本实验中，利用微乳法制备前驱体，YBO_3 的无定形产物，然后在溶剂热条件下让其晶化，即可在表面活性剂的辅助下，得到具有一定形貌的纳米粒子。

3.13.3 实验仪器与试剂

(1) 仪器：烧杯（50mL，2个），滴管，恒温磁力搅拌器，磁子，量筒（10mL，1个），移量管（1mL，三支），水热反应釜（聚四氟乙烯内衬），恒温干燥箱，离心机，离心试管。

(2) 试剂：浓氨水，曲拉通 X-100，蒸馏水，正己醇，$Y(NO_3)_3 \cdot 6H_2O$，H_3BO_3，$Eu(NO_3)_3 \cdot 6H_2O$，无水乙醇，环己烷。

3.13.4 实验步骤

(1) 配置 0.5mol/L 的混合溶液 100mL（溶液的组成按照 $YBO_3 : 0.01Eu^{3+}$ 的化学计量关系计算，硼酸过量 5%）：分别称取 18.9775g $Y(NO_3)_3 \cdot 6H_2O$，0.2230g $Eu(NO_3)_3 \cdot 6H_2O$ 和 3.2462g H_3BO_3 于 150mL 烧杯中，加入蒸馏水约 80mL，搅拌至全部溶解，然后把溶液转移到 100mL 容量瓶中，定容至 100mL 待用。

(2) 在一烧杯中加入环己烷 7.5mL，快速搅拌，随后加入 0.85mL 的曲拉通 X-100，加入混合溶液 0.5mL，加入正己醇 0.85mL，搅拌 20min，得微乳液 A。

(3) 在另一烧杯中加入环己烷 7.5mL，快速搅拌，随后加入 0.85mL 的曲拉通 X-100，加入正己醇 0.85mL，加入市售浓氨水 0.5mL，搅拌约 2min，得到微乳液 B。

(4) 逐滴把微乳 B 加到 A 中，同时快速搅拌，生成无定形的白色沉淀，得混合溶液 C。

(5) 把混合溶液 C 转移到 25mL 聚四氟乙烯内衬中，然后放到水热反应釜中，拧紧，置于恒温干燥箱中，150℃恒温 12h。自然冷却至室温。

(6) 所得产物水洗两次，醇洗两次，80℃烘干得到 $YBO_3 : Eu^{3+}$ 红色荧光粉。

3.13.5 思考题

(1) 在配置微乳液 A 和 B 时，加入正己醇的顺序略有差别，实验过程中是否观察到有不同的实验现象如浑浊状态的改变，如有，试分析其中的原因。

(2) 荧光粉如果要在等离子显示方面具有潜在的应用价值，其发光性能应该具有何特点。

3.13.6 注意事项

(1) 配制氨水的微乳液时，搅拌时间不宜过长，否则氨水挥发过多，影响最终产物的量。

(2) 荧光粉醇洗涤两次后，在 80℃下烘干时间不易过长，达到干燥目的即可。

(3) 溶剂热反应时，注意控制混合溶液的填充度不要超过 80%。

(4) 如果要观察产物形貌，可以利用扫描电镜进行进一步观察。

3.14 微波固相法制备 $LiFePO_4$ 锂离子正极材料

$LiFePO_4$ 晶体是有序的橄榄石型结构，其理论电容量为 170mA·h/g，电极电势为 3.5V。相比于尖晶石结构的 $LiMn_2O_4$ 和层状结构的 $LiCoO_2$ 等正极材料，$LiFePO_4$ 具有原料资源丰富、环境友好、热稳定性好、安全性高、循环性能好等优点，是潜在的锂离子电池

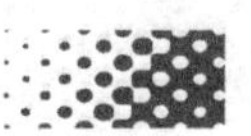

正极材料。$LiFePO_4$ 的制备方法主要有高温固相法、水热釜和微波法等。本实验利用家用微波炉作为加热器件，通过固相法来制备 $LiFePO_4$。

3.14.1 实验目的

（1）了解微波的加热原理和特点。

（2）了解 $LiFePO_4$ 的结构特征。

（3）熟悉 $LiFePO_4$ 的制备方法。

3.14.2 实验原理

微波是一种频率为 300MHz～300GHz，波长为 0.001～1m 的高频电磁波，其方向与大小随时间做周期性变化。在微波的作用下，材料中的极性分子的极性取向发生改变，即分子在空间发生转动使其极性取向顺应微波场的变化，实现分子间的急剧碰撞摩擦，能量转换而使温度迅速升高，从而达到加热的目的。微波加热具有速度快、从体系内部加热等特点。

$LiFePO_4$ 具有橄榄石结构，属于正交晶系，Pmnb 空间群，是一种稍微扭曲的六方最密堆积结构。Li^+ 可以在晶体内部以二维平移的方式可逆的嵌入和脱出，因而可以用来实现锂离子电池的充放电过程。

本实验利用利用家用微波炉进行加热，加入石墨粉或者活性炭作为保护试剂。石墨能够有效吸收微波实现快速加热，同时在密闭环境下不完全燃烧生成 CO 获得一个还原性气氛，避免 Fe^{2+} 氧化成 Fe^{3+}。

$$Li_2CO_3 + FeC_2O_4 + (NH_4)_2HPO_4 \xrightarrow[\text{加热}]{\text{石墨粉}} LiFePO_4 + NH_3\uparrow + CO_2\uparrow + H_2O\uparrow$$

3.14.3 实验仪器与试剂

（1）仪器：微波炉（500W），压片机，电子天平，研钵，刚玉坩埚，X 射线粉末衍射仪。

（2）试剂：Li_2CO_3，$FeC_2O_4 \cdot 2H_2O$，$(NH_4)_2HPO_4$，石墨粉或者活性炭。

3.14.4 实验步骤

（1）按化学计量比 1∶1∶1 分别称取适量的 Li_2CO_3，$FeC_2O_4 \cdot 2H_2O$，$(NH_4)_2HPO_4$，加入 15%的石墨粉（质量分数），研磨均匀。

（2）在 20MPa 压力下，把原料混合物压成厚度为 2～4mm 的料块。

（3）把料块埋入装满石墨粉的刚玉坩埚中，放入微波炉中，在 350W 下加热 15min。

（4）冷却后，拿出产物，用洗耳球吹干净产物表面的石墨粉，在研钵中研细。

（5）测试产物的 XRD 谱，分析产物的物相结构。

3.14.5 思考题

（1）查阅资料，简述微波加热有哪些优点？

（2）最后产物中可能存在石墨粉，试问残存的石墨粉是否对后继制备的锂离子电池的性能产生影响？

3.14.6 注意事项

家用微波炉不能显示温度，可适当改变加热时间和功率大小来研究产物的生成情况。

3.15 燃烧法制备 $CoFe_2O_4$ 磁性材料

尖晶石结构的钴铁氧体 $CoFe_2O_4$ 具有很多优异的性质如高的饱和磁化强度、优良的机械耐磨性和化学稳定性。$CoFe_2O_4$ 是一种高密度磁光信息存储介质，也可作为吸波材料用于军事上的隐身技术。制备 $CoFe_2O_4$ 的方法有化学共沉淀法，溶胶-凝胶法，水热法等。本实验中利用燃烧法来制备 $CoFe_2O_4$ 磁性材料。

3.15.1 实验目的

(1) 了解 $CoFe_2O_4$ 的结构特点。

(2) 了解燃烧法的基本原理。

(3) 了解利用粉末衍射谱进行纳米产物粒径估算的方法。

3.15.2 实验原理

燃烧法是通过一个低温的加热过程，诱发燃料和金属盐之间发生剧烈的放热反应，利用其自身的放热而进一步促进反应的进行，从而达到在瞬间释放大量热量达到一个很高温度而瞬间完成反应的目的。因此，燃烧法是一个自我放热加速反应的过程，也称作自蔓延高温合成法。相比于传统的高温固相法，燃烧法具有升温迅速、加热均匀、混合物高度分散均匀、反应速度快、产物蓬松、粒径小且分散均匀等优点。影响燃烧法的因素主要包括燃烧的温度、燃料的种类、燃料与金属盐的物质的量比等。其中，常用的燃料包括尿素、柠檬酸、盐酸肼等。

晶体材料的X射线衍射峰原则上应该是一条条衍射线。但由于仪器的本身的影响、X射线光源的影响以及产物粒子尺寸大小的影响，衍射线往往变成了具有一定宽度的衍射峰。其中，产物尺寸的减小会使衍射峰出现宽化现象，特别是产物的尺寸处于纳米级时，宽化效应尤为明显，因此可以通过衍射峰的宽度来估算产物的尺寸大小。通常，通过谢乐公式可对球形纳米粒子的尺寸大小进行简单的估算。产物尺寸大小 D_{hkl} 用谢乐公式表示为：

$$D_{hkl}=\frac{k\lambda}{(B_0-b_0)\cos\theta}$$

式中，一般 k 的取值为0.89，λ 是X射线的波长（Cu-$K\alpha$ 对应为0.15418nm），B_0 是衍射峰（hkl）的半高宽，b_0 是仪器的自然线宽（一般用标准样品的半高宽来代替），θ 是衍射角。

3.15.3 实验仪器与试剂

(1) 仪器：电子天平，镊子，坩埚，电阻炉，X射线粉末衍射仪。

(2) 试剂：硝酸铁［$Fe(NO_3)_3\cdot 9H_2O$］，硝酸钴［$Co(NO_3)_3\cdot 6H_2O$］，甘氨酸（NH_2CH_2COOH），蒸馏水。

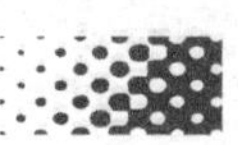

3.15.4 实验步骤

(1) 按化学计量比称取2.020g硝酸铁(5mmol), 1.0177g硝酸钴(2.5mmol), 加蒸馏水配制成20mL溶液。

(2) 称取0.5630g甘氨酸(7.5mmol), 溶解在上述溶液中, 得到混合均匀的红色溶液。

(3) 把上述溶液倒入蒸发皿中, 放到预先升温至300℃的电阻炉中, 半掩炉门, 加热, 直到最后燃烧发生并结束。

(4) 冷却收集产品, 进行X射线测试。

(5) 利用(311)衍射峰, 估算晶粒尺寸的大小。

3.15.5 思考题

(1) 尖晶石具有怎样的结构特征?

(2) 是否可以利用盐酸肼来替代甘氨酸?

(3) 查阅资料, 燃烧法实验中对所用化学试剂的类型是否有一定的要求, 通常所有燃料的用量是怎样确定的?

(4) 试利用(400)衍射峰, 分别计算产物颗粒的尺寸大小, 它们与(311)计算结果一致吗? 如不一致, 试分析其可能的原因。

3.15.6 注意事项

(1) 加热时间与甘氨酸用量以及水的量有关, 甘氨酸的用量不同, 燃烧的激烈程度不同。

(2) 可以分别采用不同的甘氨酸与硝酸盐摩尔比做平行实验, 以此来了解其对产物尺寸大小的影响。

(3) 如有可能, 可以测试样品的磁滞回线。

3.16 本体聚合制备有机玻璃

有机玻璃(PMMA)是聚甲基丙烯酸甲酯的俗称, 它是一种开发较早的重要热塑性塑料, 不错的玻璃替代材料。由于它具有较好的透明性、化学稳定性、高的机械强度、重量轻、易加工和外观优美等特点, 被广泛应用于仪表零件、光学镜片、铭牌和装饰品等方面。本实验通过甲基丙烯酸甲酯的本体聚合制备有机玻璃。

3.16.1 实验目的

(1) 了解本体聚合的基本原理和特点。

(2) 利用本体聚合法制备有机玻璃。

3.16.2 实验原理

烯类单体在引发剂的作用下使其双键(π键)打开, 形成单体自由基, 从而引发聚合反应形成长链聚合物。在没有其他介质参与的情况下, 单体本身在引发剂的作用下进行的聚合则为本体聚合反应。区别于有水或有机溶剂参与的溶液、悬浮或乳液聚合，本体聚合的产物纯净、后处理简单，适合于实验室研究。本体聚合过程中，随着反应的进行，体系黏度增加，聚合所释放的热量不易散出，易于引发爆聚，因此不宜采用连续聚合而应采用分段聚合法来制备聚合物。

在本体聚合制备有机玻璃时，工业上多采用三段聚合法。在引发剂如过氧化苯甲酰、偶氮二异丁腈或过硫酸钾的引发下，甲基丙烯酸甲酯发生本体聚合反应。反应第一阶段其转化率被控制在10%～20%；将具有一定黏度的预聚合产物转移到另一容器（模具）中，通过空气浴或者水浴控制温度在40～50℃，使聚合缓慢进行到转化率约为90%，缓慢聚合的目的在于使之具有适宜的散热速度，防止温度过高产生气泡或者爆聚；在100～120℃下对已经成型的有机玻璃进行高温后处理，使残余的单体充分聚合。购买来的甲基丙烯酸甲酯商品中，一般含有对苯二酚阻聚剂，一般需要用碱溶液洗去。甲基丙烯酸甲酯单体的聚合反应可表示为：

$$n\,H_2C{=}C(CH_3){-}COOCH_3 \longrightarrow \left[\overset{H_2}{C}{-}C(CH_3)(COOCH_3)\right]_n$$

3.16.3 实验仪器与试剂

(1) 仪器：磨口圆底烧瓶（100mL），冷凝管，恒温磁力搅拌器，磁子，量筒（50mL），电子天平，铁架台，模具（自制）。

(2) 试剂：甲基丙烯酸甲酯单体，过氧化二苯甲酰（BPO），氢氧化钠溶液，蒸馏水，无水硫酸钠。

3.16.4 实验步骤

(1) 甲基丙烯酸甲酯单体的精制：在100mL烧杯中加入50mL甲基丙烯酸甲酯单体，用10mL质量分数为5%的NaOH溶液洗涤数次至无色，用20mL蒸馏水多次洗涤至中性。洗涤后用分液漏斗分离出单体并置于锥形瓶中，加入单体量5%的无水硫酸钠，充分搅拌干燥，然后进行减压蒸馏，在50℃/16.5kPa下收集馏分，得纯净的甲基丙烯酸甲酯单体。

(2) 预聚合：量取30mL纯净的甲基丙烯酸甲酯单体于圆底烧瓶中，加入0.0685g过氧化二苯甲酰（约占单体物质的量0.1%），装上回流冷凝管，放入约85℃的水浴中。边搅拌，观看溶液黏度变化，反应约20min，感觉体系明显黏稠状，转化率不超过20%（黏度如胶水，用干净玻璃棒粘取时牵丝，灌模具时不至于渗漏），冷水浴冷却到室温。

(3) 聚合：将反应物倒入预先洗净烘干的模具中，密封，移入约40℃烘箱中放置数天直到体系完全固化成型，转化率约为90%。

(4) 高温热处理：把聚合后的有机玻璃在约120℃下处理约2h，使残余单体全部聚合，拆除模板。

3.16.5 思考题

(1) 何谓本体聚合，有何优点。

(2) 有机玻璃作为一种高分子材料有何优点，具体应用有哪些。

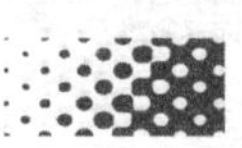

(3) 查阅资料，有什么方法可以用来测量有机玻璃的分子量，实验过程中影响分子量大小的因素主要有哪些。

3.16.6 注意事项

(1) 常规学生实验可以忽略精制过程，即忽略阻聚剂的影响，直接用通过商用途径购买的甲基丙烯酸甲酯。

(2) 第一阶段预聚合以体系变黏稠为准，时间值只是一个参考，因此黏度的判断很重要。

(3) 搅拌速度不要太快，特别是看到有气泡冒出时，要适当减小搅拌速度。

(4) 氧气与活泼的自由基反应生成不活泼的自由基或者过氧化物，所以氧气是自由基聚合的有效阻聚剂，预聚合中可采用氮气来排除氧气的影响。

(5) 反应结束拔出冷凝管时，要防止接口处的积水流入到预聚合产物中。

(6) 预聚合冷却至室温后，可以在其中加入长余辉发光材料，搅拌均匀，最后可以得到发光的有机玻璃。

3.17 乳液聚合制备聚甲基丙烯酸甲酯微粒

甲基丙烯酸甲酯是一种重要的有机化工原料，主要应用于生产有机玻璃及模塑料，还可以用于制造黏合剂、涂料、润滑剂等产品。乳液聚合具有乳液粒径小且分布均匀、聚合速度快、所获得的聚合物纯度较高等优点。本实验利用乳液聚合制备聚甲基丙烯酸甲酯微球，同时可进一步利用微球的自组装形成胶晶模板用来制作多孔材料。

3.17.1 实验目的

(1) 了解乳液聚合法基本原理。

(2) 学习聚甲基丙烯酸甲酯微球的乳液聚合制备。

(3) 了解胶晶模板的基本概念和应用。

3.17.2 实验原理

乳液聚合借助于乳化剂和机械搅拌，使单体以微小的液滴稳定地分散在大量水中，在引发剂作用下，微小液滴内部发生聚合反应。乳液聚合实际上是一种无数小液滴内部的本体聚合。由于散在水这种介质中，聚合反应释放的热量能够快速传播出来，因而乳液聚合能够有效地避免本体聚合中散热不均而导致的爆聚现象。如果乳液聚合过程中，加入的乳化剂的量很少（其浓度小于临界胶束浓度 CMC）甚至不加乳化剂，则称作无皂乳液聚合。在乳液聚合过程中，通过控制单体的浓度、引发剂的用量、反应温度和反应时间等不同反应条件，可以制备出粒径大小不同的聚合物微球。

本实验中，把甲基丙烯酸甲酯单体在水中搅拌分散得到乳液，加入引发剂，发生原位聚合，形成聚甲基丙烯酸甲酯的微球，最后利用离心沉降法来制备聚甲基丙烯酸甲酯（PMMA）胶体晶体模板。

3.17.3 实验仪器与试剂

(1) 仪器：三颈烧瓶（1个，250mL），冷凝管，恒温磁力搅拌器，电动离心机，电热鼓风干燥箱，滴管，量筒（50mL），电子天平。

(2) 试剂：甲基丙烯酸甲酯（MMA），过氧化苯甲酰（BPO），蒸馏水。

3.17.4 实验步骤

(1) 在烧瓶加入120mL蒸馏水和0.4g过氧化苯甲酰，加入20mL的甲基丙烯酸甲酯，磁力搅拌回流。

(2) 搅拌约30min后，水浴加热到70℃，搅拌转速为300r/min，反应时间为1.5h。

(3) 将聚甲基丙烯酸甲酯微球母液装入离心试管中，设置转速为2500r/min，离心3h（如果短时间离心，得到的就是分散的微粒）。

(4) 去掉上层清液，在60～70℃下真空干燥3～4h，得到规则有序排列紧密的PMMA胶晶模板。

3.17.5 思考题

(1) 乳液聚合的基本原理是什么？

(2) 查阅资料，乳液聚合制备PMMA微球过程中，哪些实验条件（参数）对于微球的尺寸大小及分布具有明显的影响。

(3) 查阅资料，了解PMMA胶晶模板具有怎样的结构特征，其用途如何？

3.17.6 注意事项

如果条件允许，在聚合过程中可以在烧瓶中通入氮气，形成无氧环境避免催化剂被氧气氧化。

3.18 长石质陶瓷的高温烧制

陶瓷是由结晶物质、玻璃态物质和气泡构成的复杂体系。制备陶瓷所用的原料主要是石英、长石、黏土三大类矿物和一些外加的化工原料。我国日用陶瓷的矿物组成范围为20%～30%长石、25%～35%石英和40%～50%黏土，烧成温度通常在1250～1350℃之间。长石质陶瓷是以长石、石英和高岭土为基本原料制备得到的陶瓷。长石瓷瓷质洁白，不透气，吸水率低，瓷质坚硬，化学稳定性好。这种瓷适用于做餐具、茶具、陈设瓷器、装饰美术瓷器以及一般工业技术用瓷制品。本实验拟利用手工拉坯成形及高温烧制来制备长石质陶瓷。

3.18.1 实验目的

(1) 了解陶瓷材料的结构特征。

(2) 了解长石瓷烧制的基本原理。

(3) 熟悉陶瓷烧制的基本过程。

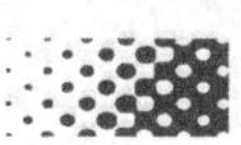

3.18.2 实验原理

普通陶瓷的制备是在实践的基础上以“K_2O-Al_2O_3-SiO_2”三元系统相图为基础，寻找合理组成、温度范围，设计合适工艺的过程。例如，我国日用陶瓷的组成范围为1(R_2O+RO)·1.9～4.5Al_2O_3·12～20SiO_2，烧成温度均在1300℃左右。

长石瓷瓷质是以长石、石英和高岭土为主要原料，利用长石在较低温度下熔融形成高黏度的玻璃，一定温度范围内溶解一部分高岭土分解物与石英颗粒烧制而成。按原料的配比不同，烧成温度在1150～1450℃范围内。烧制出来的长石质瓷的瓷体由“石英-方石英-莫来石-玻璃相”构成，其中玻璃相占50%～60%、莫来石相占10%～20%、残余石英占8%～12%、半安定方石英占6%～10%。

长石作为溶剂性原料，其成分主要是碱金属和碱土金属铝硅酸盐。如钾长石（$K_2O\cdot Al_2O_3\cdot 6SiO_2$）的理论组成为64.7% SiO_2、18.4% Al_2O_3和16.9% K_2O，其熔融温度大概在1130～1450℃范围内。

$$K_2O\cdot Al_2O_3\cdot 6SiO_2 \longrightarrow K_2O\cdot Al_2O_3\cdot 4SiO_2(\text{白榴石})+2SiO_2$$

石英的主要成分是SiO_2（一般要求含量不低于95%）。SiO_2在加热过程中发生石英-鳞石英-方石英之间的晶型转变。在日用陶瓷中，SiO_2最终以熔融态和半安定方石英（一种在鳞石英温度范围内形成的具有光学各向同性的方石英）形态存在于瓷的结构中。

$$\alpha\text{-石英} \xrightleftharpoons{870℃} \alpha\text{-鳞石英} \xrightleftharpoons{1470℃} \alpha\text{-方石英} \xrightleftharpoons{1713℃} \text{熔融态石英}$$

$$Al_2O_3\cdot 2SiO_2\cdot 2H_2O \longrightarrow Al_2O_3\cdot 2SiO_2(\text{偏高岭土})+2H_2O$$

$$2[Al_2O_3\cdot 2SiO_2] \longrightarrow 2Al_2O_3\cdot 3SiO_2(\text{尖晶石型结构})+SiO_2$$

$$3[Al_2O_3\cdot 3SiO_2] \longrightarrow 2[3Al_2O_3\cdot 2SiO_2](\text{莫来石})+5SiO_2(\text{方石英})$$

黏土是由地壳中多种矿物经过长期风化与地质作用而生成的混合体，主要是含水的铝硅酸盐矿物。黏土具有独特的可塑性和结合性，调水后成软泥，能塑造成形，干燥后能紧密结合在一起，烧成后变得致密坚硬。黏土的化学组成主要包括SiO_2、Al_2O_3、Fe_2O_3、TiO_2、CaO、MgO、K_2O和Na_2O。如果其中CaO、MgO、K_2O和Na_2O的总含量高，则相应黏土容易烧结，烧结温度也较低。高岭土是由高岭石组成的较为纯净的黏土。高岭石组成可表示为$Al_2Si_2O_5(OH)_4$或者$Al_2O_3\cdot 2SiO_2\cdot 2H_2O$。高岭土在600℃开始转变为偏高岭土，1050℃开始转变为莫来石。

$$Al_2O_3\cdot 2SiO_2\cdot 2H_2O \longrightarrow Al_2O_3\cdot 2SiO_2(\text{偏高岭土})+2H_2O$$

$$2[Al_2O_3\cdot 2SiO_2] \longrightarrow 2Al_2O_3\cdot 3SiO_2(\text{尖晶石型结构})+SiO_2$$

$$3[2Al_2O_3\cdot 3SiO_2] \longrightarrow 2[3Al_2O_3\cdot 2SiO_2](\text{莫来石})+5SiO_2(\text{方石英})$$

由上可见，陶瓷原料的化学组成主要包括SiO_2、Al_2O_3、碱金属氧化物和碱土金属氧化物。其中SiO_2是主要成分，它直接影响瓷的强度。如果SiO_2含量过高，如超过75%，陶瓷烧成后热稳定性变坏，容易出现自行炸裂现象。Al_2O_3也是主要成分，主要由长石和高岭土引入，它可以提高瓷的化学稳定性和热稳定性，提高瓷的物理化学性能和机械强度，提高白度。如果Al_2O_3含量过高会提升烧成温度；含量低于15%，则瓷坯趋于易熔，容易变形。K_2O和Na_2O(R_2O)主要由长石引入，存在于玻璃相中，能提高陶瓷的透明度。CaO和MgO(RO)含量一般很少，引入一定量可以提高瓷的热稳定性和机械强度，提高白度和透光度，改进瓷的色调，减弱铁和钛的不良着色作用。铁、钛氧化物主要影响陶瓷的成色，它们的总量应控制在1%以下才不会对瓷体的色泽产生大的影响。

陶瓷所用原料在一定程度上决定着陶瓷的质量和工艺条件。在实验室烧制中，使用硅碳棒或者硅钼棒电炉，最高烧成温度按下式进行：

$$T=[360+w(Al_2O_3)-w(RO)]/0.228$$

式中，T 为最高烧成温度，℃；w 为质量分数；RO为碱金属氧化物、碱土金属氧化物，计算时须将化学分析值换算为无灼减量的百分数。

3.18.3 实验仪器与试剂

(1) 仪器设备：高温电阻炉，匣钵，毛刷，匣钵，刀具（竹刀或废锯片制作的钢刀），粗布。

(2) 试剂：石英，（正）长石，高岭土（湖南盖牌土）。

3.18.4 实验步骤

(1) 坯料的选择和组分的计算　根据已有实验条件和相关陶瓷工艺学书籍，设计陶瓷组分。本实验的陶瓷坯料配方为24%长石，8%石英和68%高岭土（湖南盖牌土）。

(2) 配料的陈腐和捏练　将坯料加适量的水，混合好放置在阴暗、温度较高、通风不良的室内存储一段时间，使水分分布均匀。把陈腐好的坯料倒在一块事先准备好的粗布或棉布上，待排水到一定程度，然后捏练（练泥，功效类似于揉面），尽量减少坯泥中的气泡，使泥料组织均匀，致密度和可塑性增加。

(3) 坯泥的成形、干燥与精修　把捏练好的坯泥手工拉坯成形（可塑成形）为特定的形状如碗、人、动物等。把坯体置于50～70℃的电热恒温干燥箱内恒温干燥几个小时。当水分低于10%时，用抹布或毛刷蘸水进行修坯，消除生坯表面的不光滑度和变口的毛糙状。继续干燥，直到坯体的水分保持在1%～2%（此时可以施釉）。

(4) 坯体的煅烧　温度制度主要是控制升温速度不能过快，煅烧过程中少量吸附水在200℃以下被排除掉；坯体中结晶水、碳酸盐分解、晶型转变以及有机物和碳素的氧化等在300～950℃之间完成，铀层玻璃化和坯体成瓷在950℃至烧成温度之间。冷却时可以快速冷却，但在750～550℃之间的冷却速度要均衡，否则易引起陶瓷开裂。把坯体置于匣钵中，放入高温电阻炉中烧制。本实验中，初步的温度制度为：以1℃/min的速度从室温升温至100℃；以3℃/min的速度升温至1300℃，其中900℃时恒温0.5h，1300℃恒温3h；短时间内降温至750℃，然后以1℃/min的速度降温至500℃，最后断电随炉冷却至室温。

3.18.5 思考题

(1) 陶瓷干燥或烧制后，哪些原因会导致出现一些缺陷如变形、开裂、起泡和杂色等，可否采取一些措施进行补救？

(2) 查阅资料，何谓釉，其原料组成主要是什么，何时施釉，可否在已有原料的基础上，设计或查阅一个釉的配方，然后实施到待烧制的长石质陶瓷上？

(3) 根据长石、石英和高岭土的化学组成（理论组成或者实际组成），计算坯料的化学组成，并计算相应的烧成温度。

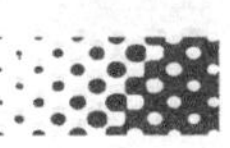

3.18.6 注意事项

(1) 如果设计的陶瓷造型由几个部分组成，例如壶（壶体、壶盖和壶把）和有把杯（杯体和杯把），一般需要分别成形然后进行黏结。

(2) 坯料混合时，一般加水量为坯泥总质量的18%～26%。

(3) 坯体也可以在含水量为16%～19%内进行湿修，此外扎眼（便于内部排气等）、割口工序也应在此时完成。

(4) 灼减量又称烧失量，是指坯料在高温烧结过程中因水分的排除、碳酸盐类的分解以及有机物的氧化而造成物量的损失。

(5) 从炉子的维护和坯料反应来说，升温和降温的速度不宜太快，时间允许还可适当减小速率值。

3.19 普通钠钙硅酸盐玻璃的制备

玻璃是以某些无机氧化物等为原料，经过高温熔化，急冷凝固，形成的来不及结晶而保持熔融状态下无序结构特点的固体。一般玻璃的主要成分是二氧化硅，高温熔制时形成硅酸盐化合物，所以玻璃和陶瓷、耐火材料、水泥等同属于硅酸盐工业。玻璃具有良好的光学、热学、力学和电学等性能，且其性能可以通过组分的改变得以调控。因此，玻璃被广泛应用于建筑、交通、医药、化工、电子以及日常生活等各个领域。本实验通过高温熔制的方法，制备普通的钠钙硅酸盐玻璃。

3.19.1 实验目的

(1) 了解玻璃的组成、结构及性质。

(2) 了解玻璃高温熔制的基本过程。

(3) 制备普通钠钙硅酸盐玻璃。

3.19.2 实验原理

一般玻璃的主要成分是二氧化硅，只用二氧化硅（石英）熔炼出来的玻璃叫石英玻璃。石英玻璃熔炼温度太高，通常加入助熔剂如纯碱（碳酸钠），以降低熔炼温度，由此形成遇水不稳定的玻璃（水玻璃）。如果再在其中加入稳定剂如石灰石（碳酸钙），则可形成钠钙硅酸盐玻璃（碱石灰玻璃）。日常玻璃大部分属于碱石灰玻璃这个系列。熔炼玻璃时，常常还会加入一些辅助原料。例如，用来尽快赶走气泡的澄清剂如芒硝，赋予玻璃一定颜色的着色剂，消除玻璃中因杂质造成颜色的脱色剂，加速熔炼过程的加速剂等。玻璃的性能与其组成有关，在制备玻璃前需要根据性能要求选择原料、计算配比，并进行多次试验优化配方以达到最佳的预期性能。

工业生产玻璃的基本工艺过程包括原料加工、原材料配比（配合料）混合、高温熔制、成型和热处理等。高温熔制过程中，原料之间发生复杂的物理化学变化。这个过程又可以分为硅酸盐形成、玻璃（液）形成、澄清、均化和冷却五个阶段。在约1000℃以内，发生水分挥发、碳酸盐分解，接着二氧化硅与其他组分反应生成硅酸盐和不透明烧结物；当温度升到约1200℃后，出现液相，同时二氧化硅在液相中溶解扩散，液相不断扩大（含有大量气体和不均匀体），最后固体全部转化为液相（玻璃液）；继续升高温度到约1400℃，玻璃液黏度变小，可见气泡和溶解气体溢出，形成无气泡的玻璃液；高温下随着时间的延长，玻璃液化学组成和温度趋向均一；将澄清和均化的玻璃液均匀降温，使玻璃液的黏度达到成型的要求即为冷却阶段。在钠钙硅酸盐玻璃的形成过程中，相应温度下主要有如下各种反应发生。

(1) 在600℃以内，配合料水分挥发，石英多晶转变，碳酸钠-碳酸钙复盐生成。

$$CaCO_3 + Na_2CO_3 \longrightarrow CaNa_2(CO_3)_2$$

(2) 在900℃以内，碳酸盐开始熔融，同时复盐、碳酸钠以及形成的复盐-碳酸钠低温共融物开始与二氧化硅反应。

$$CaNa_2(CO_3)_2 + 2SiO_2 \longrightarrow Na_2SiO_3 + CaSiO_3 + 2CO_2\uparrow$$

$$Na_2CO_3 + SiO_2 \longrightarrow Na_2SiO_3 + CO_2\uparrow$$

$$CaNa_2(CO_3)_2 + Na_2CO_3 + 3SiO_2 \longrightarrow 2Na_2SiO_3 + CaSiO_3 + 3CO_2\uparrow$$

(3) 在900℃以上时，碳酸盐相继分解，并继续生成硅酸盐。

$$CaNa_2(CO_3)_2 \longrightarrow Na_2O + CaO + 2CO_2\uparrow$$

$$CaCO_3 \longrightarrow CaO + CO_2\uparrow$$

$$CaO + SiO_2 \longrightarrow CaSiO_3$$

(4) 在1200℃以上，熔融液相不断扩大，形成玻璃液，并进行熔体的澄清和均匀化。

玻璃制备过程中，既需要严格确定相应的熔制温度制度，也需要确立成型玻璃的退火温度制度，这些温度制度的确立，可以参考相关相图、经验公式，也可通过多次试验摸索获得。例如熔制温度的估计，即玻璃液形成到过剩固体消失这一阶段的熔制温度，可按沃尔夫M. Volf提出的熔化速度常数（τ）公式进行估算。

$$\tau = [SiO_2 + Al_2O_3]/[Na_2O + K_2O + (B_2O_3/2)]$$

式中，各氧化物分子式代表其在玻璃中的质量分数。根据熔化速度常数τ与熔化温度t的关系（表3-2）可大致确定该玻璃的熔制温度。

表3-2 熔化速度常数τ与熔化温度t的关系

τ	6.0	5.5	4.3	4.2
t/℃	1450～1460	1420	1380～1400	1320～1340

3.19.3 实验仪器与试剂

(1) 仪器：电阻炉，刚玉坩埚，研钵，电子天平，坩埚钳，石棉手套，模具（自制）。

(2) 试剂：SiO_2，CaO，MgO，Al_2O_3，Na_2O。

3.19.4 实验步骤

(1) 玻璃原料的选择　玻璃通常由SiO_2、Al_2O_3、CaO、MgO、K_2O和Na_2O等组成，还可加入B_2O_3、ZnO、BaO和PbO等以适应性能的需求。制备玻璃前，需要根据性能要

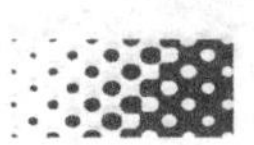

求，确定决定玻璃主要性质的氧化物及其含量，其中主要氧化物的总量往往要达到总质量的90%。工业玻璃一般都要使用至少五六个原料，并且多参考相图来确定玻璃的成分以及温度制度。表3-3给出了一种易熔 Na_2O-CaO-SiO_2 玻璃的两组配方数据。

表3-3 Na_2O-CaO-SiO_2 玻璃组分质量分数 单位：%

成 分	SiO_2	CaO	MgO	Al_2O_3	Na_2O
配方一	71.5	5.5	1	3	19
配方二	69.5	9.5	3	3	15

(2) 配合料的制备 根据表3-3，计算制备5g玻璃液所需各氧化物质量，称量后在研钵中研磨约60min，混合均匀后，把配合料转移到刚玉坩埚中。

(3) 高温熔制 把装有配合料的坩埚放入高温炉中，使配料相互反应，熔融成玻璃液，然后高温下使其澄清均化。溶制温度制度可设为：从室温以3℃/min的升温速率升至1300℃，其中在900℃和1200℃分别恒温60min，然后1300℃下保温2h使其澄清均化。

(4) 退火处理 从高温炉中取出装有均化的玻璃液坩埚，放入预热至550℃的高温炉中退火处理，获得透明固体玻璃。退火温度制度可设为：550℃下保温0.5h，然后以1℃/min的降温速度降到300℃，最后断电，随炉冷却至室温。

3.19.5 思考题

(1) 玻璃的高温熔制可以分为几个过程，相应过程发生哪些物理化学变化。

(2) 查阅资料，玻璃成型后，为什么需要退火处理，一般可以根据什么理论或者方法来确定相应的最高退火温度和退火工艺（温度制度）。

3.19.6 注意事项

(1) 高温熔制温度与原料的种类、数量、尺寸大小以及混合均匀程度等密切相关。在确定原料后，要注意做到计算准、称量准、研磨细。

(2) 如果自制了模具，应该使均化后的玻璃液冷却到适当温度，以获得成型需要的相应黏度。因此，成型产品应该缓慢加热到最高退火温度后，再进行退火处理。

(3) 如果缺少某种氧化物，可以用适当的碳酸盐或者氢氧化物替代，计算用量时，可以用氧化物用量进行换算。

(4) 从炉子的维护和坯料反应来说，升温和降温的速度不宜太快，时间允许还可适当减小速率值。

3.20 液相法制备石墨烯

碳材料是一类应用广泛的共价晶体材料，人们耳熟能详的碳材料主要包括石墨和金刚石。近年来，一些性能优异的单质碳材料被相继发现。例如，1985年人们发现了性能优异的富勒烯，1991年进一步发现了碳纳米管。2004年英国曼彻斯特大学的Geim

和 Novoselov 首次制备了石墨烯，并因此共同获得了2010年的诺贝尔物理学奖。自发现之日起，关于富勒烯、碳纳米管和石墨烯的相关研究一直是科学研究的热点之一，特别是目前关于石墨烯的研究方兴未艾。本实验采用石墨作为原料，利用液相法制备石墨烯。

3.20.1 实验目的

(1) 了解石墨烯的结构和形状。

(2) 熟悉石墨烯的制备方法。

3.20.2 实验原理

石墨烯是至今发现的厚度最薄和强度最高的材料。石墨烯是由碳原子构成的二维晶体，厚度只有一个原子，如图3-3所示。石墨烯具有很多奇异的电子及机械性能，可以作为构筑零维富勒烯、一维碳纳米管、三维体相石墨等 sp^2 杂化碳的基本结构单元。因此，关于石墨烯的制备、性质和应用方面的研究吸引了化学和材料等领域科学家的高度关注。石墨烯的理论比表面积高达 $2600m^2/g$，具有突出的导热性能［$3000W/(m \cdot K)$］和力学性能(1060GPa)，以及室温下较高的电子迁移率［$15000cm^2/(V \cdot s)$］。

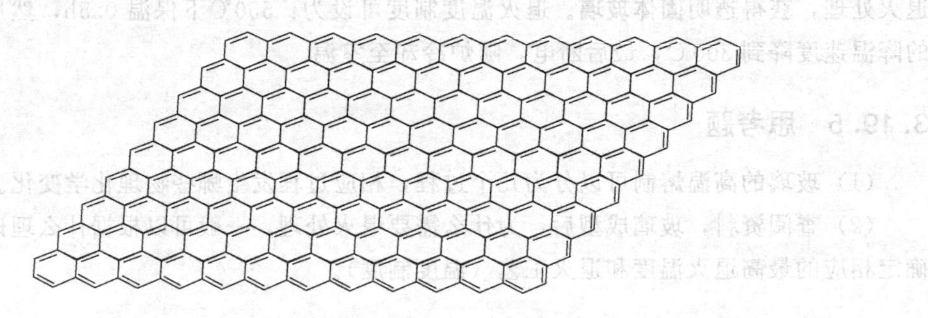

图3-3 单原子层的石墨（石墨烯）

石墨烯的制备方法有很多，其中以石墨为原料，通过氧化-分散-还原的方法制备是目前应用最广泛的方法之一。石墨是一层层的单个碳原子层通过范德华力结合而成的层状单质碳。很早以前，就出现了利用插层法在石墨的片层之间插入某些原子或者小分子来制备石墨层间化合物的研究。如果插入的物质破坏片层之间的范德华作用力而使之分离，则可以得到单层的碳原子层，也就是石墨烯。氧化-分散-还原法是利用强质子酸（如浓硝酸或者浓硫酸等）处理石墨，形成石墨层间化合物；然后加入强氧化剂（如高锰酸钾或者氯酸钾等）对其进行氧化，破坏石墨层间的范德华作用力，利用超声分散等手段使碳原子片层彼此分开，从而得到氧化石墨烯；最后，利用还原剂（如硼氢化钠、对苯二酚或者水合肼等）把氧化石墨烯还原而得到石墨烯。在此制备过程中，氧化石墨的制备是关键。通常，制备氧化石墨样品的过程大致可分为3个阶段：其一是低温反应阶段，即在冰水浴中控制氧化反应的速度，得到紫绿色的溶液；其二是中温反应阶段，即将冰水浴换成温水，控制温度在30～40℃，继续氧化反应，溶液为紫绿色；其三是高温反应阶段，即稀释反应产物，保持温度在70～100℃，缓慢加入一定量的双氧水（5%）进行高温反应，此时溶液变成金黄色。

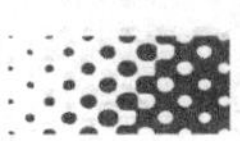

3.20.3 实验仪器与试剂

(1) 仪器：电子天平，烧杯，恒温磁力搅拌器，量筒，布氏漏斗，抽滤瓶，循环水泵，电热恒温干燥箱。

(2) 试剂：石墨（天然鳞片），浓硫酸，硝酸钠，高锰酸钾，水合肼（50%），H_2O_2（5%），NaOH 溶液。

3.20.4 实验步骤

(1) 把 1g 石墨，24mL 浓硫酸放入烧杯中，然后加入 0.5g 硝酸钠，搅拌 30min。

(2) 缓慢加入 3g 高锰酸钾（控制温度低于 20℃）后，继续搅拌 60min，接着在 40℃ 水浴中恒温搅拌 60min，溶液变黏稠，呈紫绿色。

(3) 缓慢加入蒸馏水，将反应液稀释至约 200mL，把温度升至在 80℃，约 5min 后，加入 5% 的双氧水约 6mL，得到亮黄色溶液。

(4) 黄色溶液减压过滤，并用大量蒸馏水洗涤，得到氧化型石墨样品。

(5) 取 0.05g 氧化型石墨样品，加入到 100mL 氢氧化钠（pH=11）溶液中，150W 超声分散 90min，加热至 60℃（可以观察到溶液表面的氧化型石墨烯薄膜），加入 0.5mL 水合肼，轻微搅拌，恒温反应 120min，得到石墨烯分散液。

(6) 减压过滤，并用蒸馏水洗涤，收集产物 80℃下干燥 24h，得到石墨烯样品。

3.20.5 思考题

(1) 加入双氧水的目的是什么？

(2) 查阅资料，还原过程中还原剂的用量、还原时间以及还原温度对产物石墨烯的结构有何影响。

3.20.6 注意事项

(1) 石墨要使用天然鳞片石墨，其他石墨制备产物质量不高。

(2) 高锰酸钾需要一点点缓慢加入，可以通过冰水浴的形式控制溶液温度，以免反应过于激烈。

(3) 超声分散后的溶液可以在 4000r/min 下离心 3min，以除掉少量未剥离的氧化型石墨。

(4) 加双氧水是为了还原 MnO_4^-，去除其颜色，从而显示出金黄色的氧化型石墨样品，多加一些双氧水并不影响反应过程（实际操作中可以以溶液的变色为标准来确定其用量），反应得到的氧化型石墨为胶体溶液，因此溶液会变得黏稠。

$$6H^+ + 2MnO_4^- + 5H_2O_2 = 5O_2 + 2Mn^{2+} + 8H_2O$$

3.21 聚丙烯酸镧配合物的制备

稀土高分子材料泛指稀土离子掺杂或键合于高分子中的聚合物。这类高分子材料一方面具有稀土元素特殊的光、电、磁等特性，另一方面具有高分子材料具有原料丰富、合成方便、容易成型加工、重量轻和成本低等优点，可作为稀土高分子有机电致发光材料

(OLED)、稀土高分子防护材料、稀土高分子磁性材料以及稀土高分子助剂，因而是一种具有广泛应用前景的新材料。本实验利用溶液聚合制备聚丙烯酸镧配合物。

3.21.1 实验目的

（1）了解稀土配合物的结构和用途。

（2）掌握制备过程中的溶解、沉淀、过滤、洗涤等基本操作。

（3）制备配位聚合物，利用红外光谱进行简单的组分分析。

3.21.2 实验原理

稀土元素由于具有丰富的电子能级结构，可用来制备磁性材料、光学材料、催化材料、热电材料、超导材料以及特种玻璃和陶瓷等各种材料。如果把稀土元素和高分子材料有机地结合起来，则能得到性能更加优异的各种材料，并有效地拓展它们的应用范围。以稀土发光材料而言，稀土无机材料存在难以加工成型、价格高的问题；而稀土有机小分子配合物则存在稳定性差等不足；稀土高分子发光材料能把稀土优异的光、电、磁特性和高分子材料原料丰富、结构稳定、加工容易、质轻抗冲击的优点有机地结合起来。

稀土高分子材料可分为掺杂型稀土高分子和键合型稀土高分子两种类型。键合型稀土高分子材料中，稀土离子与高分子链上配位基团中的配位原子通过经典相互作用结合在一起，其化学键以离子性为主。根据软硬酸碱理论，稀土离子属于硬酸，易于同硬碱类的原子如 F、O 和 N 等配位。含氧原子配体的有机物很多，如羧酸、β-二酮等酸性配体以及醇、醚和水等中性配体。稀土离子通常具有高的配位数，配位数以 6～10 比较常见，其中 8 配位和 9 配位的最多。

聚丙烯酸是一类高分子电解质，用途非常广泛。按其分子量和用途，可分为作为分散剂用的低分子量（500～5000）聚丙烯酸，作为增稠剂用的中分子量（10^4～10^6）聚丙烯酸和作为絮凝剂用的高分子量（约 10^6）聚丙烯酸三种类型。由丙烯酸合成聚丙烯酸，一般以水为介质、过硫酸盐为引发剂进行溶液聚合，反应温度一般在 60℃以上。聚丙烯酸中的羧基（—COOH）具有很强的与金属离子配位的能力。当稀土离子与羧基发生配位反应时，可以多种形式进行，主要的有如图 3-4 的两种形式。当丙烯酸形成聚合物以后，稀土离子与其配位的形式将变得更加复杂。稀土离子的高配位数要求会使稀土离子成为交联点而把不同的高分子链键连起来。如图 3-5 所示，通过 La^{3+} 把两条高分子链键连在了一起。此时 La^{3+} 的配位数还只有 4，因此也可能有溶液中的小分子参与配位成键。如果空间允许，是否可以通过稀土离子把四条这样的高分子链键连起来呢？

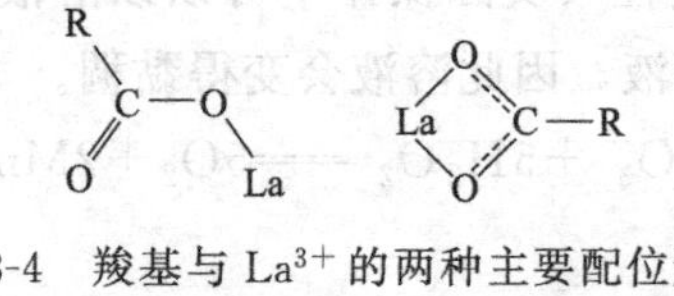

图 3-4 羧基与 La^{3+} 的两种主要配位形式

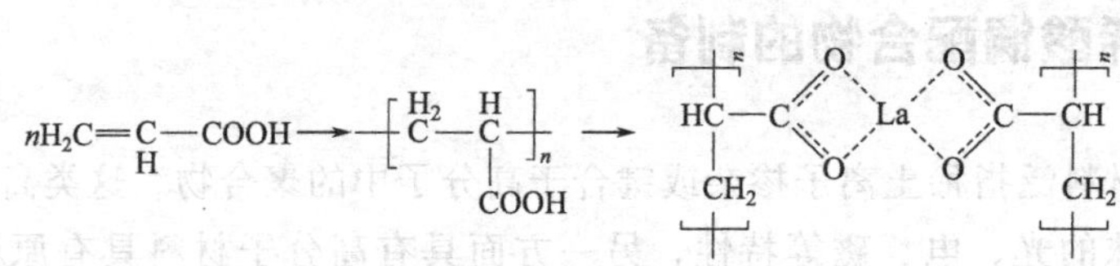

图 3-5 丙烯酸的聚合及与 La^{3+} 的可能配位形式

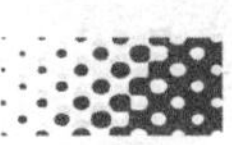

3.21.3 实验仪器与试剂

(1) 仪器：电子天平，烧瓶，恒温磁力搅拌器，量筒，冷凝管，离心机，恒温干燥箱，红外光谱仪。

(2) 试剂：过氧化苯甲酰（BPO），硝酸镧 [$La(NO_3)_3 \cdot 6H_2O$]溶液，丙烯酸（$C_3H_4O_2$），蒸馏水。

3.21.4 实验步骤

(1) 称量 2.5g $La(NO_3)_3 \cdot 6H_2O$ 溶解于 50mL 蒸馏水中，调节 pH 为 3～4。

(2) 在装有冷凝管和分液漏斗的烧瓶中加入 40mL 蒸馏水，升温至 80℃，加入 0.4g 过氧化苯甲酰，搅拌下，缓慢逐滴加入丙烯酸单体 10mL，滴加完后恒温搅拌 90min。

(3) 在室温下，将丙烯酸聚合物溶液 pH 调至 5～7，边搅拌边逐滴加入 10mL 硝酸镧溶液，搅拌 60min。

(4) 所得产物经洗涤，离心分离，110℃下恒温干燥。

(5) 测试产物红外光谱。

3.21.5 思考题

(1) 查阅文献，影响丙烯酸聚合度的因素有哪些，估计聚丙烯酸的分子量处于什么范围？

(2) 根据产物的红外光谱，分析 La^{3+} 与丙烯酸聚合物是否成功配位？

(3) 如果 La^{3+} 与聚丙烯酸成功配位，试推测 La^{3+} 的配位情况。

(4) 实验中，加入 La^{3+} 溶液的量可否改变，改变的话是否对产物结构或组成带来影响？

3.21.6 注意事项

(1) 过氧化苯甲酰可用过硫酸钾替代。

(2) 聚合时间适当延长，有利于转化率提高。

(3) 在 La^{3+} 溶液中部分加入 Eu^{3+}，有可能得到发红光的高分子聚合物。

3.22 无机耐高温涂料的制备

涂料是一种涂覆在物体表面并能形成牢固附着的连续薄膜的配套性工程材料。无机涂料由胶凝材料和填料组成，具有很好的可塑性，并且具有常温固化或低温烘烤固化（＜500℃）的特性。目前，无机涂料在防水、抗燃烧和耐高温等方面具有重要的应用。

3.22.1 实验目的

(1) 了解涂料的组成和应用。

(2) 制备一种无机耐高温涂料。

3.22.2 实验原理

涂料基本组成部分包括成膜基料、分散介质和填料。基料是使涂料牢固附着在被涂物体表面上形成连续薄膜的主要物质，一般由树脂或油组成；分散介质是挥发性有机溶剂或水，主要作用在于使成膜基料分散形成黏稠液体；填料本身不能单独成膜，用以赋予涂膜色彩或者某种功能。

一般涂料在高温条件下会发生热降解和碳化作用，导致涂层破坏，不能起到保护作用。耐高温涂料则具有在高温条件下不龟裂、不起泡、不剥落等优点，并仍能保持一定的物理机械性能，使物件避免高温化学腐蚀、热氧化，延长使用寿命。因此，耐高温涂料在高温防腐领域中应用非常广泛。耐高温涂料主要有有机硅耐高温涂料、酚醛树脂、改性环氧涂料、聚氨酯等高分子材料，其耐热温度一般都低于 600℃。相比之下，无机耐高温涂料具有耐热温度高、耐燃性好、硬度高、寿命长、污染小和成本低等优点，但涂层一般较脆。无机涂料由胶凝材料（基料）和填料组成，作为高温使用的无机凝胶材料主要是碱性硅酸盐溶液、磷酸盐溶液以及硅溶胶等耐高温氧化物胶体溶液。

本实验以硅酸钠、二氧化硅、二氧化钛等耐酸碱性好的无机物作为原料，按一定比例混合均匀，涂于需要保护的底材上面，在一定温度下烘烤使其固化，形成耐高温、抗氧化、耐老化和耐酸碱性能较好的涂膜。这种涂料以硅酸钠和二氧化硅为成膜物质，通过水分的蒸发和分子间硅氧键的结合所形成的无机高聚合物来实现成膜。这种涂料对光、热和放射性具有较好的稳定性。同时，由于填料 TiO_2 具有很好的着色力、遮盖力和化学稳定性，故该涂料具有良好的附着力。

3.22.3 实验仪器与试剂

（1）仪器：马弗炉，电子天平，研钵，铁片，量筒，涂层测厚仪，白度仪。

（2）试剂：$Na_2SiO_3 \cdot 9H_2O$，TiO_2，SiO_2。

3.22.4 实验步骤

（1）取 2g $Na_2SiO_3 \cdot 9H_2O$、1.2g SiO_2、0.16g TiO_2 粉末于研钵中，研磨混合均匀（约 30min）后，加入 2mL 蒸馏水，搅拌混匀，得白色糊状物。

（2）把白色糊状物均匀涂在已经预处理（除锈）的铁片上，涂抹要平整均匀，涂层要致密。

（3）待涂层晾干后，将其放置于升温 80℃的马弗炉中，烘烤 20min，取出后至少在室温下放置 5min。

（4）将马弗炉升温到 300℃，再把上一步制好的涂层放入其中，并在 300℃下烘烤 30min，取出，即可得到白色的耐高温涂层。

（5）观看涂膜外观，用手摸，看是否掉粉，判断涂料附着力。

（6）用涂层测厚仪和白度仪测试涂层的厚度和白度。

3.22.5 思考题

（1）实验中蒸馏水的作用是什么，是否可以多加一些水？

（2）查阅资料，了解固化温度、填料种类、填料用量等对涂料性能的影响。

3.22.6 注意事项

（1）研磨时间要充分，否则因为粉末样品颗粒不够细，涂料刮涂时容易出现厚薄不均或

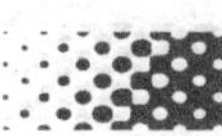

者刮痕现象。

(2) 加蒸馏水时，可同时加约5mL乙醇，便于混湿，乙醇挥发而得糊状物。

(3) 除锈的预处理不到位会影响涂料的附着力。

(4) 原料中所用 TiO_2 可采用自制的产物（见实验4.1）。

3.23 聚乙烯醇缩甲醛胶水的制备

聚乙烯醇（Polyvinyl Alcohol，PVA）是一种水溶的高分子聚合物，具有优越的黏结强度、良好的成膜性和好的耐化学性能等优点。PVA除了作纤维原料外，还大量用于生产涂料、黏合剂和薄膜等产品，广泛应用于纺织、食品、医药、建筑、木材加工和造纸等行业。研究表明，在自然环境中广泛存在着可降解PVA的微生物，因此PVA及其衍生物具有十分广阔的应用前景。

3.23.1 实验目的

(1) 了解聚乙烯醇的性质与用途。

(2) 了解聚乙烯醇缩醛化的反应原理。

(3) 掌握利用聚乙烯醇缩醛化制备胶水的方法。

3.23.2 实验原理

作为黏合剂，PVA的主要缺点是耐水性差，在要求较高时黏结强度不够，利用甲醛或丁醛等交联剂改性PVA，可提高PVA胶水的耐水性和黏结性能。例如，聚乙烯醇缩甲醛（107胶水）因为在建筑业应用广泛，有建筑业“万能胶”之称。聚乙烯醇缩甲醛随缩醛化程度不同，性质和用途有所不同。控制缩醛在35%左右，就得到了维纶（Vinylon）纤维。在聚乙烯醇缩甲醛分子中，如果控制其缩醛度在较低水平，由于聚乙烯醇缩甲醛分子中含有羟基、乙酸基和醛基，因此有较强的粘接性能。聚乙烯醇缩甲醛采用聚乙烯醇与甲醛在酸的催化下制备而成，其反应历程如下所示：

$$-\overset{H_2}{C}-\underset{OH}{\overset{H}{C}}-\overset{H_2}{C}-\underset{OH}{\overset{H}{C}}- \underset{CH_2O+H^+}{\rightleftharpoons} -\overset{H_2}{C}-\underset{OH}{\overset{H}{C}}-\overset{H_2}{C}-\underset{O\overset{+}{C}H_2}{\overset{H}{C}}- \rightleftharpoons -\overset{H_2}{C}-\overset{H}{C}-\overset{H_2}{C}-\overset{H}{C}- \ (O-\overset{H_2}{C}-O)$$

由于概率效应，聚乙烯醇中邻近羟基成环后，中间往往会夹着一些无法成环的孤立羟基，因此缩醛化反应不能完全。为了定量表示缩醛化的程度，定义已缩合的羟基量占原始羟基量的百分数为缩醛度。

本实验是合成水溶性聚乙烯醇缩甲醛胶水。反应过程中须控制较低的缩醛度，使产物保持水溶性。如反应过于猛烈，则会造成局部的高缩醛度，导致不溶性物质存在于水中，影响胶水质量。由于缩醛化反应的程度较低，胶水中尚含有未反应的甲醛，产物往往有甲醛的刺激性气味。缩醛基团在碱性环境下较稳定，故要调整胶水的pH值。

3.23.3 实验仪器与试剂

(1) 仪器：三颈烧瓶（100mL），恒温磁力搅拌器，温度计，球形冷凝管，量筒

(10mL)。

(2) 试剂：聚乙烯醇(PVA1799)，甲醛(40%工业甲醛)，盐酸(浓盐酸与蒸馏水体积比1∶4配置)，NaOH溶液(8%)，去离子水。

3.23.4 实验步骤

(1) 在100mL三颈烧瓶中，加入45mL去离子水，缓慢投入5g聚乙烯醇，搅拌下使聚乙烯醇充分浸润，升温至90℃使其完全溶解。

(2) 在90℃下，加入约2.0mL甲醛，搅拌15min。

(3) 在混合体系中加入盐酸，控制反应体系pH值为1～2，保持反应温度90℃左右，继续搅拌，反应体系逐渐变稠，以混合体系由透明变成乳白色(或者观察到气泡或者絮状物出现)作为缩合反应的终点。

(4) 反应达到终点时，迅速加入适量的NaOH溶液(大约1～2mL)，使体系的pH值为8～9，冷却得澄清透明的胶水。

3.23.5 思考题

(1) 试讨论缩醛反应的机理及催化剂作用。

(2) 在制备聚乙烯醇缩甲醛时，为什么要保存较低的缩醛度？

(3) 107胶水在耐水性、黏度和抗冻性等方面尚不能满足要求。查阅文献，试分析反应物料比、温度、时间、pH值以及添加剂等对胶水性能的影响。

3.23.6 注意事项

(1) 甲醛有毒，实验中注意勿吸入甲醛蒸气或使甲醛与皮肤接触。

(2) 实验过程中，要注意严格控制催化剂用量、反应温度、反应时间及反应物比例等因素，以此控制反应过程中的缩醛化程度。

(3) 实验结束后，胶水的pH值调至弱碱性，其原因在于碱性条件下分子链间氢键含量不会过大，体系黏度不至于过高，缩醛基团较稳定。

3.24 聚乙烯醇形状记忆复合材料的制备

形状记忆聚合物(Shape Memory Polymers，SMPs)是一类可对外界环境刺激做出响应的智能高分子材料，由于它们质量轻、高应变的形状恢复能力以及容易加工的特性而受到广泛关注。目前已报道具有形状记忆能力的聚合物有聚降冰片烯、聚异戊二烯、聚氨酯、聚乙烯和聚乙烯醇等。本实验通过在聚乙烯醇中添加羟基磷灰石和戊二醛来制备聚乙烯醇基的复合材料，以此来改善材料的形状记忆能力并提高其生物相容性。

3.24.1 实验目的

(1) 了解形状记忆聚合物的结构和性质。

(2) 制备聚乙烯醇形状记忆复合材料。

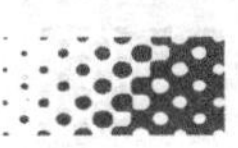

3.24.2 实验原理

形状记忆聚合物作为一种新型智能材料，由于其独特的性能，近年来逐渐成为了智能材料中的研究热点之一。形状记忆聚合物一般是由能够记忆材料原始形状的固定相，以及随着温度变化可以发生可逆软化与硬化的可逆相组成。在形状记忆聚合物中，固定相通常由聚合物中的交联结构、部分结晶区域或分子链之间的物理缠结等结构组成，一般固定相的转变温度比较高，用来记忆材料的原始形状；可逆相则由聚合物中的结晶态或无定形玻璃态的物理交联结构组成，可逆相随温度变化能发生可逆的固化与软化，它可以是能发生结晶与结晶熔融可逆变化的部分结晶相，也可以能发生玻璃态与橡胶态可逆变化的相结构。纯形状记忆聚合物较低的恢复力与模量使其不能适用于高强度和高恢复力的具体性应用，为了改善其力学性能，将微米或纳米级尺寸的填料与其复合以达到提高强度与模量的目的。形状记忆聚合物复合材料的性能与填料本身的特性以及填料和形状记忆聚合物基体的界面相互作用有关。

聚乙烯醇（PVA）是一种易于加工，且具有良好生物相容性的高分子材料。在PVA的高分子链上存在大量羟基所形成的氢键与PVA结构中的部分结晶区域共同作为形状记忆材料的固定相，而聚合物中的无定形相作为可逆相。因此，PVA在形状记忆领域具有潜在的应用前景。在聚乙烯醇中加入戊二醛后，分子链中的羟基发生醇醛缩合形成交联点，致使PVA的机械强度和硬度大大提高。戊二醛与PVA反应产物中存在的交联情况形式多样，常见的交联形式可用下面的结构式中的完全交联（A）和部分交联（B）来表示。

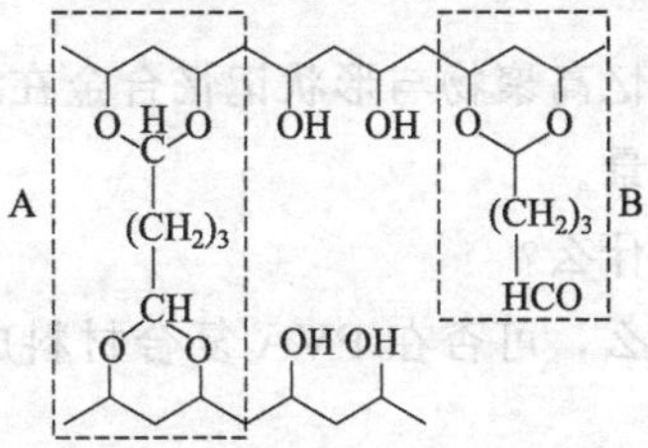

在PVA形状记忆聚合物中加入羟基磷灰石不仅可以影响其形状记忆能力，也可以增加其在生物应用中的生物适应性。羟基磷灰石加入PVA溶液中后，在酸性条件下溶解，其部分Ca^{2+}将与PVA中的羟基（—OH）配位。因此，在后续的结晶反应中，羟基磷灰石可能在PVA分子链上形核长大，也有可能直接在链与链间的溶液中形核生长。实验中羟基磷灰石的结晶反应为：

$$10Ca^{2+} + 6PO_4^{3-} + 2OH^- \longrightarrow Ca_{10}(PO_4)_6(OH)_2$$

PVA形状记忆聚合物性能的测试通常可从其恢复原状的时间以及形状记忆恢复率来进行衡量。测试的方法可采用简单的弯曲测试法。首先，把直线形的PVA复合材料在90℃的加热台上加热并弯曲成一定的形状（如弯成90°角），保持外力下迅速冷却PVA复合材料(可置于冰箱中冷却)。待其冷却固定后，把材料在加热台上重新加热，测试其形变恢复到原来形状的时间。由于恢复能力的强弱不同，材料并不一定能够完全恢复到原来的直线形。如果冷却固定后的角度为θ_s，形变恢复后的角度为θ_e，则形状记忆恢复率可表示为：

$$R=\frac{\theta_s-\theta_e}{\theta_s}\times 100\%$$

3.24.3 实验仪器与试剂

(1) 仪器：烧杯 (150mL)，恒温磁力搅拌器，温度计，球形冷凝管，量筒 (10mL)，电热恒温干燥箱，吸量管 (1mL)。

(2) 试剂：聚乙烯醇 (PVA1799)，戊二醛，盐酸（浓盐酸与蒸馏水体积比 1∶4 配置），羟基磷灰石，蒸馏水，浓氨水。

3.24.4 实验步骤

(1) 称取 10g PVA，加入到盛有 90mL 蒸馏水的烧杯中，90℃下恒温搅拌直至完全溶解。

(2) 在 PVA 水溶液中加入 1.0g 的羟基磷灰石，边搅拌边滴加盐酸至羟基磷灰石溶解，调整溶液 pH 值为 3～4，恒温搅拌 30min。

(3) 在 PVA 的混合溶液中加入 0.3g 戊二醛，搅拌至分散均匀后（约 10min），室温下静置使其交联成凝胶。

(4) 在凝胶上方加入浓氨水进行矿化，控制凝胶上方氨水的 pH 值为 10～11。

(5) 羟基磷灰石结晶完成后，用蒸馏水反复洗涤凝胶，直至 pH 值为 6～7。

(6) 把 PVA 复合材料裁剪成棒状，60℃下真空干燥 24h，充分除掉水分，测试其形状记忆恢复率。

3.24.5 思考题

(1) 查阅资料，了解形状记忆高聚物与形状记忆合金在结构和性能上有何差别，形状记忆高聚物具有哪些潜在的应用前景。

(2) 实验中戊二醛的作用是什么？

(3) 实验中氨水的作用是什么，可否在 PVA 复合材料成型（涂成膜或者灌注成棒）后再进行氨水处理？

3.24.6 注意事项

(1) 浓氨水具有强烈的刺激性，对眼睛和呼吸道有损害。

(2) 搅拌速度不要过快，避免在产物中带入过多的气泡，影响产物的结构和性能。

第 4 章

材料化学综合实验与实验设计

4.1 溶胶-凝胶法制备 TiO_2 的实验参数对比

TiO_2 具有湿敏、气敏及光催化等功能，因而被用做催化剂、敏感器件和光电材料等。本实验以 TiO_2 为目标产物，以钛酸丁酯为钛源，以乙醇为溶剂，盐酸或氨水为催化剂，用溶胶-凝胶法合成 TiO_2 溶胶，然后通过控制加水量、pH 值以及水解温度来控制凝胶的时间，通过煅烧得到 TiO_2 粉体材料，并利用 XRD 谱初步分析产物的物相结构、晶胞参数和尺寸大小，并进一步探讨凝胶时间对产物的形貌和尺寸大小的影响。此外，可在此基础上，通过对 TiO_2 进行过渡金属离子或稀土离子掺杂来考察其相关的催化性能。

4.1.1 实验目的

(1) 了解各实验条件对溶胶-凝胶形成的影响。

(2) 制备 TiO_2 的干凝胶。

4.1.2 实验原理

溶胶-凝胶法（Sol-Gel）是通过凝胶前躯体的水解缩聚，制备金属氧化物材料的湿化学方法。其基本过程为：用含高化学活性组分的化合物作前驱体，在液相将这些原料均匀混合，并进行水解、缩合化学反应，在溶液中形成稳定的透明溶胶体系。溶胶经陈化，胶粒间缓慢聚合，形成三维空间网络结构的凝胶，凝胶网络间充满了失去流动性的溶剂。凝胶经过干燥、烧结固化制备出分子乃至纳米亚结构的材料。通常，通过控制凝胶的速度可对产物的形貌、结构乃至性能进行有效地调控。一般可以通过控制水的含量、醇的含量、溶液 pH 值以及水解温度等因素来控制凝胶的速度。

在不同蒸馏水量、不同 pH 值、不同醇量以及不同水解温度等条件下，观测反应的胶凝时间。实验中将无水乙醇按总体积分成两部分。占总体积 2/3 的与钛酸丁酯及冰醋酸充分混合，制成原液 A。另 1/3 的无水乙醇与水及催化剂（盐酸或氨水）充分混合后配成滴加溶液 B。实验中的胶凝时间的起点是加入的水与钛酸丁酯相接触，其终点是得到的胶体倾斜时失去流动性。具体实验内容如下。

(1) 不同加水量对凝胶时间的影响　实验中控制 pH 值为 2.5 之间，取乙醇量为钛酸丁酯体积的 3 倍。室温下，设水与钛酸丁酯的摩尔比为 n，测试不同 n 值（表 4-1）时的凝胶时间。

表 4-1　不同加水量时的凝胶时间测定

n 值	4	5	6	7
时间/min				

(2) 不同 pH 值对凝胶时间的影响　取 n 值为 1，取乙醇量为钛酸丁酯体积的 3 倍。室温下，用氨水或盐酸调节溶液的 pH 值，测试不同 pH 值（表 4-2）时的凝胶时间。

表 4-2　不同 pH 值时的凝胶时间测定

pH 值	1	3	5	7
时间/min				

(3) 不同醇量对凝胶时间的影响　实验中 pH 值控制为 1，水与钛酸丁酯的摩尔比取 4。室温下，设乙醇的量为钛酸丁酯体积的 m 倍，测试不同 m 值（表 4-3）时的凝胶时间。

表 4-3　不同 m 值时的凝胶时间测定

m 值	1	3	5	7
时间/min				

(4) 不同水解温度对凝胶时间的影响　实验中 pH 值控制为 3，水与钛酸丁酯的摩尔比取 4。室温下，乙醇的物质的量为钛酸丁酯的 3 倍，测试不同水解温度 T 值（表 4-4）时的凝胶时间。

表 4-4　不同 T 值时的凝胶时间测定

T 值/℃	20	40	60	80
时间/min				

4.1.3　实验仪器与试剂

(1) 仪器：移液管（1mL，2 支），移液管（5mL，1 支），烧杯（50mL，20 个），滴管（4 支），量筒（10mL，2 个），磁子，恒温磁力搅拌器，烘箱，刚玉坩埚。

(2) 试剂：冰醋酸，钛酸丁酯，无水乙醇，氨水、盐酸、蒸馏水。

4.1.4　实验步骤

请根据上述实验内容，先确定加入试剂的量，确认所要考察的变量因素。

(1) 量取适量无水乙醇倒入烧杯中，加入 1mL 冰醋酸，搅拌，加入钛酸丁酯 5mL（0.015mol），剧烈搅拌 3min，得到近乎透明的钛酰型化合物溶液 A。

(2) 量取适量的蒸馏水，用氨水或盐酸调节混合液的 pH 值到所需值，量取混合液适量，加入到适量乙醇中，搅拌 3min，得混合溶液 B。

(3) 剧烈搅拌下，把溶液 B 逐滴加入到溶液 A，注意速度不要太快，将反应混合物置于实验要求的水浴温度中凝胶化。

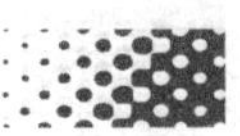

（4）将凝胶随烧杯在80℃下恒温一晚，得到干凝胶，研磨得到粉末。

4.1.5 思考题

（1）pH值对溶胶-凝胶的形成有何影响？

（2）水量对溶胶-凝胶的形成有何影响？

（3）据观察，四个因素中哪个的影响最明显，为什么？

4.1.6 注意事项

（1）实验过程中，除了对比参数改变外，其他参数应该尽量保证一致。

（2）计时应该避免人为因素的影响。

（3）可以在同一温度如600℃下煅烧部分产物，通过测试XRD谱，判断产物的结构类型和尺寸大小。

4.2 微乳法制备 TiO_2 的实验参数对比

TiO_2 具有湿敏、气敏及光催化等功能，因而被用做催化剂、敏感器件和光电材料等。本实验以 TiO_2 为目标产物，以钛酸丁酯为前驱体，微乳法制备纳米 TiO_2。通过改变微乳液的 ω 值和 P 值，考察它们对微乳液形成的影响。

4.2.1 实验目的

（1）了解组分改变对微乳液的影响。

（2）利用微乳法制备尺寸大小不同的纳米 TiO_2。

4.2.2 实验原理

微乳液是由表面活性剂、助表面活性剂、水溶液以及油（有机试剂）构成的四组分单相热力学稳定体系。当体系中水少油多时，称为油包水的微乳液，也即反相微乳液。反相微乳液中，少量水分散在大量油中，形成纳米级的小水珠。利用小水珠构成一个微反应器，可用来合成某些无机纳米材料。通过控制水的量、表面活性剂以及助表面活性剂等的量，可以有效控制水珠的大小和形貌，从而实现对纳米产物尺寸大小和形貌的调控。正是因为这种可控性，微乳液法又被归结为软模板法。

本实验以 $Ti(OC_4H_9)_4$ 等为原料，配置相应的微乳液制备 TiO_2 粉体材料。在不同 ω 值（水与表面活性剂的物质的量的比）和 P 值（助表面活性剂与表面活性剂的物质的量的比）下，配制蒸馏水的反相微乳液。然后在其中滴加 $Ti(OC_4H_9)_4$ 的环己烷溶液，利用其在水珠中的水解以及水珠微反应器的限制，制备纳米 TiO_2 粉体材料。采用逐滴加入正己醇来配制反相微乳液。具体实验内容为：①固定 $P=5$ 和 $V_{oil}/V_{aqu}=15$，测定不同 ω 值时各试剂的用量（表4-5）；②固定 $\omega=20$ 和 $V_{oil}/V_{aqu}=15$，测定不同 P 值时各试剂的用量（表4-6）。

表 4-5　不同 ω 值时各试剂的用量　　单位：mL

序号	ω 值	环己烷	TX-100	正己醇	蒸馏水	混合液变澄清时的醇量
1	5					
2	10					
3	20					
4	30					

表 4-6　不同 P 值时各试剂的用量　　单位：mL

序号	P 值	环己烷	TX-100	正己醇	蒸馏水	混合液变澄清时的醇量
1	1					
2	3					
3	5					
4	7					

4.2.3　实验仪器与试剂

(1) 仪器：移液管（1mL，2 支），移液管（5mL，1 支），烧杯（50mL，4 个），滴管（2 支），量筒（10mL，1 个），磁子，恒温磁力搅拌器、烘箱，刚玉坩埚。

(2) 试剂：钛酸丁酯［$Ti(OC_4H_9)_4$］，正己醇，蒸馏水，环己烷，曲拉通 X-100。

4.2.4　实验步骤

请根据上述实验内容，先确定加入试剂的量，确认所要考察的变量因素。

(1) 量取 7.5mL 环己烷放入一干净的烧杯，在搅拌的同时，依次加入适量的蒸馏水和 TX-100，然后再充分搅拌均匀，观察混合液的变化。

(2) 在上述混合液中逐滴加入适量的正己醇，观察混合液的变化，并把混合液变为澄清时的正己醇的量记载在上述表格中，然后继续滴加直到正己醇全部滴加完，继续搅拌 10min，得到澄清透明的反相微乳液 A。

(3) 把一定量的 $Ti(OC_4H_9)_4$ 逐滴加入到环己烷中，并迅速搅拌，配制 1mol/L $Ti(OC_4H_9)_4$ 的环己烷溶液 4mL，即 B 溶液。

(4) 取 B 溶液 1mL，逐滴加入到反相微乳液 A 中，同时轻微磁力搅拌，滴加完后继续搅拌 30min，观察混合液的变化。

(5) 分离洗涤上述混合液中的白色沉淀，干燥。

(6) 将粉末置于坩埚中，在 600℃下煅烧 4h，得到产物。

4.2.5　思考题

(1) ω 值的改变对微乳液具有怎样的影响？

(2) P 值的改变对微乳液具有怎样的影响？

(3) 实验中只是配制了蒸馏水的单相微乳液，为什么不配制 $Ti(OC_4H_9)_4$ 的微乳液呢？

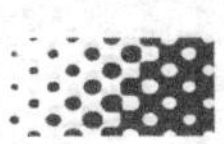

4.2.6 注意事项

(1) 实验过程中避免 $Ti(OC_4H_9)_4$ 长时间与空气接触，与 $Ti(OC_4H_9)_4$ 接触的玻璃仪器要干燥无水。

(2) 实验中，实验步骤 (4) 以后，可以直接把混合物转入水热反应釜中，在一定温度下进行水热反应，利用电镜进一步考察产物的形貌特征。

(3) 如果只是单纯的对比试验参数对微乳液形成的影响，则实验只需进行到实验步骤 (2) 即可。

4.3 白光LED器件的制作与性能测试

发光二极管 (LED) 是一种电致发光的半导体器件，被广泛应用于照明、指示和显示等方面。其中，白光LED有着节能、长寿命、轻巧等优点，被认为是第四代新型照明光源。本实验在加入特定荧光粉材料的基础上，通过手工制作封装出发白光的LED器件，并测试其相关的发光性能。

4.3.1 实验目的

(1) 熟悉LED的分装流程。

(2) 了解白光LED的发光原理。

(3) 了解衡量白光LED性能的主要参数。

4.3.2 实验原理

白光LED是一种能发白光的半导体器件。通常，白光LED器件是利用LED芯片、金丝、支架、荧光粉以及胶水等经过一定的制备工艺灌装在一起的发光器件。白光LED的发光包括了电致发光和光致发光两种类型。在电场作用下，LED芯片 (半导体) 发光，即电致发光；芯片发出的光进一步激发荧光粉发光，从而获得特定颜色的发光，即光致发光。两种颜色的光混合在一起后得到的混合光的颜色为白光时，就可应用于照明、显示等方面。理论上，仅利用LED芯片的发光就可以获得白光，但现在在技术上还存在困难。因此，目前照明市场上以加入有荧光粉的白光LED器件居多。例如，通过蓝光LED芯片发出的部分蓝光激发黄色荧光粉发光 (黄光)，利用发射出来的黄光和剩余而未被吸收的蓝光的混合获得白光发射。

4.3.3 实验仪器与试剂

(1) 仪器：金丝球焊机，LED光电测试系统，冰箱，恒温干燥箱，镊子，注射筒。

(2) 试剂 (耗材)：LED芯片 (460nm)，金丝，支架，绝缘胶 (或银胶)，模条，黄色荧光粉 ($Y_3Al_5O_{12}:Ce^{3+}$)，环氧树脂，固化剂。

4.3.4 实验步骤

(1) 准备工作：封装制作前，需要从买来的整块晶片上取出LED芯片，并且预先把绝缘胶和环氧树脂从冰箱中拿出来进行解冻，待后续使用。

(2) 固晶：排好支架，在显微镜下，用注射筒在支架阴极杯子中央滴入适量绝缘胶（或银胶），用镊子把芯片轻轻地固定在绝缘胶中，然后将固晶好的支架转移到恒温干燥箱中，150℃恒温烘烤 1.5h。

(3) 焊线：打开金丝球焊机，设定温度（200～250℃）、功率和压力等参数，穿好金丝，温度上升后，在芯片的铝垫和支架阳极上分别焊线。在部分绝缘胶中加入黄色荧光粉，然后在阴极杯中点满胶，150℃恒温烘烤 1.5h。

(4) 灌胶：装好模条，在 130℃下烘烤 50min，迅速在模条杯中喷上适量离模剂。同时，把环氧树脂（A 胶）和固化剂（B 胶）在 70℃下预热 60min，然后按 1∶1 比例混合。在预热好的模条中灌满胶水，插入支架，在 130℃下初烤 45min，把支架从模条中提取出来，脱模后支架在 130℃下长烤 5h。

(5) 测试：长烤后的支架切脚后，在 LED 光电测试系统上测试 LED 器件的发光性能，包括发光强度、发光颜色、色坐标以及色温等参数。

4.3.5 思考题

(1) 查找资料，了解 LED 芯片的组成、结构以及发光原理。

(2) LED 器件封装包括哪些流程（步骤）。

(3) 查找资料，了解工业生产中各流程用到的主要仪器设备有哪些。

4.3.6 注意事项

(1) 可以用实验 3.5 制备的长余辉发光材料替代本实验所需的 YAG 荧光粉。

(2) 实验中也可以不添加荧光粉，获得的是芯片本身的蓝光发射。

(3) 封装器件中，封装工艺在很大程度上影响器件的最终发光性能。

4.4 二氧化钛光催化分解甲基橙

TiO_2 是一种宽禁带（约 3.2eV）的氧化物半导体材料，在紫外光激发下可用来催化分解很多有机物，具有光活性好、催化效率高、无毒、氧化能力强的特点，在光催化领域具有广阔的应用前景。

4.4.1 实验目的

(1) 了解 TiO_2 的光催化原理。

(2) 了解光催化分解在环境保护中的应用。

4.4.2 实验原理

半导体材料的光吸收阈值（λ_g）与禁带宽度（E_g）存在如下关系：λ_g (nm)=1240/E_g (eV)。对于 TiO_2 来说，对应的阈值约为 387.5nm。因此，当 TiO_2 受到波长小于 387.5nm 的紫外光的激发时，其价带上的电子会被激发到导带上，从而形成电子-空穴对。这种光生的电子-

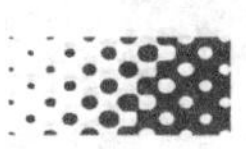

空穴对可能通过两种途径复合。其一，电子-空穴对的直接复合；其二，伴随化学反应的复合。二者是存在竞争的过程。其中后者才是高效的光催化分解的本质所在。电子-空穴对没有复合时，可能迁移到材料表面的不同位置，形成一个强大的氧化还原氛围，使得它们周围的有机化合物发生氧化还原反应而分解。光生的空穴可以将 TiO_2 表面吸附的氢氧根 OH^- 直接氧化成羟基自由基·OH，光生电子也会被吸附于 TiO_2 表面的 O_2 捕获并最终生成羟基自由基·OH。具有强氧化性的羟基自由基（·OH）可以氧化大多数的有机化合物，并将它们最终降解为二氧化碳和水等无害小分子。

4.4.3　实验仪器与试剂

(1) 仪器：高压汞灯（450W），紫外分光光度计，烧杯，恒温磁力搅拌器，电子天平，容量瓶（100mL），滴管，电动离心机，超声波清洗器。

(2) 试剂：蒸馏水，甲基橙，TiO_2（锐钛矿型，自制）。

4.4.4　实验步骤

(1) 按照实验4.1制备一定量的 TiO_2，或者直接使用该实验的预留产物。

(2) 配制20mg/L的甲基橙溶液100mL。

(3) 在甲基橙溶液中加入0.15g TiO_2，超声分散15min，然后将溶液置于450nm高压汞灯下进行光催化分解，同时快速搅拌。

(4) 每隔20min取样一次，离心分离除掉其中的 TiO_2，利用分光光度计测试其吸光度。

(5) 计算溶液中甲基橙的浓度，作图对比甲基橙浓度随时间的变化情况。

4.4.5　思考题

(1) TiO_2 光催化分解的原理是什么？

(2) 是否可以用它来催化分解水 H_2O 呢？如果能，其产物是什么？

(3) TiO_2 尺寸的减小是否对其光催化性能有影响？如果有，有何影响。

4.4.6　注意事项

(1) 测试甲基橙溶液的吸光度时，测试波长约464nm。

(2) 光催化分解甲基橙时，高压汞灯距离液面20～30cm即可，搅拌不要太激烈，以免溶液溅射到高压汞灯上。

4.5　二氧化钛干凝胶煅烧制度的设计与操作

4.5.1　实验要求

(1) 学生应在测试 TiO_2 干凝胶的TG-DTA数据的基础上，拟定制备锐钛矿 TiO_2 晶体的煅烧制度。

(2) 学生应根据自拟实验方案，制备出锐钛矿 TiO_2 粉末晶体。

(3) 学生应测试产物的XRD谱，由此判断产物结构和判断煅烧制度的合理性。

(4) 学生应根据实验结果，撰写实验报告（报告应该侧重TG-DTA数据分析、煅烧制度设计分析）。

4.5.2 实验提示

(1) 学生应该在教师的帮助下首先测试 TiO_2 干凝胶的TG-DTA谱图。

(2) 学生需要事先了解TG-DTA图谱的含义，并能进行简单的分析。

(3) 学生需要事先了解 TiO_2 晶体的相关知识。

(4) 学生可以拟定1～3条煅烧制度，通过测试分析，以获得较优的煅烧制度。

(5) 实验设计中应用到的相关设备和药品应该是实验室能够提供的。实验室可提供的设备和试剂主要如下。

4.5.3 实验仪器与试剂

(1) 仪器：热重-差热分析仪，高恩电阻炉，研钵，刚玉坩埚，X射线粉末衍射仪等。

(2) 试剂：TiO_2 的干凝胶（自制，可由实验4.1得到），其他试剂可任选。

4.6 溶胶-凝胶法制备 Ba_2SiO_4 实验方案设计与操作

4.6.1 实验要求

(1) 学生需要查阅相关资料，按要求编写实验方案，实验方案应该包括实验目的、实验原理、实验仪器与试剂、实验步骤以及思考题等部分。

(2) 学生应根据自编的实验方案，制备 Ba_2SiO_4 粉体。

(3) 学生应以制备1.8g Ba_2SiO_4 为目标，实验最后要求计算产率。

(4) 学生应根据实验结果，撰写实验报告（报告/方案应该侧重溶胶-凝胶体系的设计，包括原料、原料比例、pH值和温度等）。

4.6.2 实验提示

(1) 学生需要事先了解溶胶-凝胶法的基本原理。

(2) 学生需要事先了解类似化合物的溶胶-凝胶法制备。

(3) 实验设计中应用到的相关设备和药品应该是实验室能够提供的，实验室可提供的设备和试剂主要如下。

4.6.3 实验仪器与试剂

(1) 仪器：高温电阻炉，恒温磁力搅拌器，恒温干燥箱，电子天平，相关玻璃仪器，水热反应釜（25mL）等。

(2) 试剂：正硅酸四乙酯（TEOS），无水乙醇，氨水，其他试剂可任选。

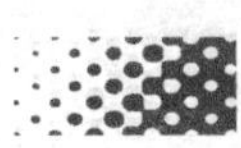

4.7 直接沉淀法制备 SrF_2 方案的设计与操作

4.7.1 实验要求

(1) 学生需要查阅相关资料，按要求编写实验方案，实验方案应该包括实验目的、实验原理、实验仪器与试剂、实验步骤以及思考题等部分。

(2) 学生应根据自编的实验方案，制备 SrF_2 粉体。

(3) 学生应以制备 1.5g SrF_2 为目标，实验最后要求计算产率。

(4) 学生应根据实验结果，撰写实验报告（报告/方案应该侧重实验步骤设计）。

4.7.2 实验提示

(1) 学生需要事先了解直接沉淀法的原理。

(2) 学生需要事先了解 SrF_2 的相关性质。

(3) 实验设计中应用到的相关设备和药品应该是实验室能够提供的。实验室可提供的设备和试剂主要如下。

(4) 该实验可以进一步设计为实验操作考试，根据学生自拟的实验方案，单纯地从实验设计、计算、称量、混合反应、分离和干燥等基本操作方面考察学生的能力水平。

4.7.3 实验仪器与试剂

(1) 仪器：玻璃棒，烧杯（100mL，200mL），离心机，离心试管，恒温干燥器（100℃恒温），电子天平，药匙，称量纸，滤纸，漏斗，量筒（50mL），恒温磁力搅拌器，磁子（一粒），pH 试纸，抽滤装置。

(2) 试剂：碳酸锶（AR），硝酸锶（AR），氯化锶（AR），氟化铵（AR），氟化钠（AR）、稀硝酸（5mol/L），乙醇（95%），蒸馏水。

4.8 高温固相法制备陶瓷方案的设计与操作

4.8.1 实验要求

(1) 学生需要查阅相关资料，按要求编写实验方案，实验方案应该包括实验目的、实验原理、实验仪器与试剂、实验步骤以及思考题等部分。

(2) 学生应根据自编的实验方案，高温烧制一件陶瓷工艺品。

(3) 学生应自己拟定陶瓷配方（不要求上釉），自拟温度制度；陶瓷工艺品的长宽高都不宜超过 10cm，煅烧温度不准超过 1500℃，最好无需气氛保护（高温炉条件限制）。

(4) 学生应根据实验结果，撰写实验报告（报告/方案应该侧重配方设计和温度制度设计）。

4.8.2 实验提示

(1) 学生需要事先了解陶瓷相关方面的知识，如陶瓷的种类、配方设计、温度制度的设计等。

(2) 学生需要事先了解电阻炉的情况。

(3) 实验设计中应用到的相关设备和药品应该是实验室能够提供的，实验室可提供的主要的设备和试剂如下。

4.8.3 实验仪器与试剂

(1) 仪器设备：高温电阻炉，电子天平，电热恒温干燥箱。

(2) 试剂：石英，(正) 长石，高岭土 (湖南盖牌土)，石灰石。

第 5 章 常见软件的介绍与使用

5.1 Jade 物相检索软件的简单使用

Jade 软件是一种用来进行 X 射线粉末衍射数据分析的商业软件。本节以 Jade 6.0 为例，简单介绍数据导入、寻峰以及检索等常规操作，便于对 X 射线粉末衍射数据的简单分析。实现对粉末衍射数据的检索操作，需要在 Jade 软件中导入相应的晶体结构数据库（在使用过程中，如果有疑问可随时利用 F1 键得到帮助）。下载相应的晶体粉末衍射标准数据库如 pdf2-2004，打开 Jade 软件，在打开的主窗口菜单栏中，单击 PDF/Setup 菜单（PDF 菜单下的 Setup 子菜单），出现一个相应的对话框。在打开的对话框的第一行中点击搜索图标，自动搜索到 pdf2-2004 中的 pdf2. dat（也可以手动搜索）。找到该文件后，对话框右边的 Select all 文字由灰色变为黑色，勾选 Select all（或者有选择地勾选左边子数据库，导入所需的子数据库），单击 Create 图标导入数据。数据导入需要的一定的时间来完成，等待即可。

双击桌面 Jade 图标，进入 Jade 软件窗口，如图 5-1 所示。打开菜单 File/pattern，在打

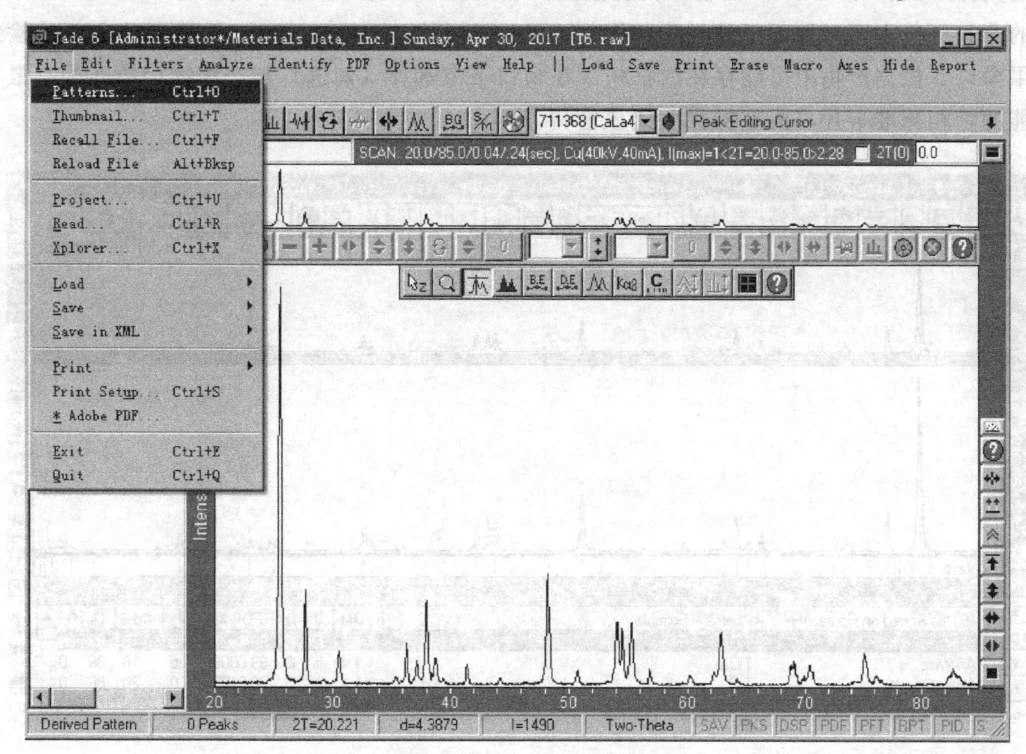

图 5-1 Jade 主窗口界面

开的对话框中选择要导入的数据，然后按 Read 或 Add。试试二者有何不同（当窗口中已有数据时，用 Read 导入新数据时会覆盖原来的数据，用 add 则不仅添加新数据而且新旧数据同时存在）。也可以直接把测试所得的原始数据（后缀为 .raw 的数据文件）拖到上述打开的窗口。

在工具栏中列出了一些常用的工具，如图 5-2 所示。请依次左键单击下面三个图标：扣除背底（两次单击）→平滑→物相检索，观察 XRD 谱的变化情况。可把鼠标放到指定的图标上，试试左击和右击鼠标，观察结果有何异同。一般情况下，左击直接进行相应操作；右击则出现一个对话框，可对相关操作进行某些参数设置，然后再进行相应操作。物相检索后会弹出一个新的搜索/匹配窗口（S/M Windows）。软件把导入的测试数据自动与标准数据库（PDF 数据库）里面的数据进行对比，按相似度由高到低自动排列出一些疑似物和它们的晶胞参数等数据。检索者可以根据相关信息进行判断，确认（勾选）测试物是疑似物中的哪一种。该操作表明，通过把测试物的粉末衍射数据与标准衍射数据对比，确认测试物是（或者包含）哪种物质。关闭检索/匹配窗口后，可同时看到测试数据与检索得到的标准衍射数据（衍射线）。

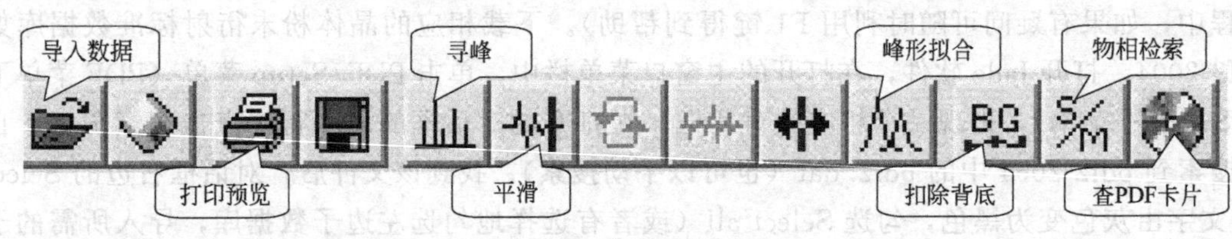

图 5-2　Jade 常用快捷工具栏

具体示例：导入 TiO_2 的粉末衍射数据，双击窗口顶部工具栏中的图标 BG，扣除 XRD 谱的背景。单击窗口顶部工具栏中的图标 S/M，进行物相检索。Jade 会弹出一个新的检索结果窗口，根据产物中可能存在的物相，在窗口下方选择（勾选）与产物物相最匹配、最有可能的物相标准卡片（图 5-3）。关闭该窗口。

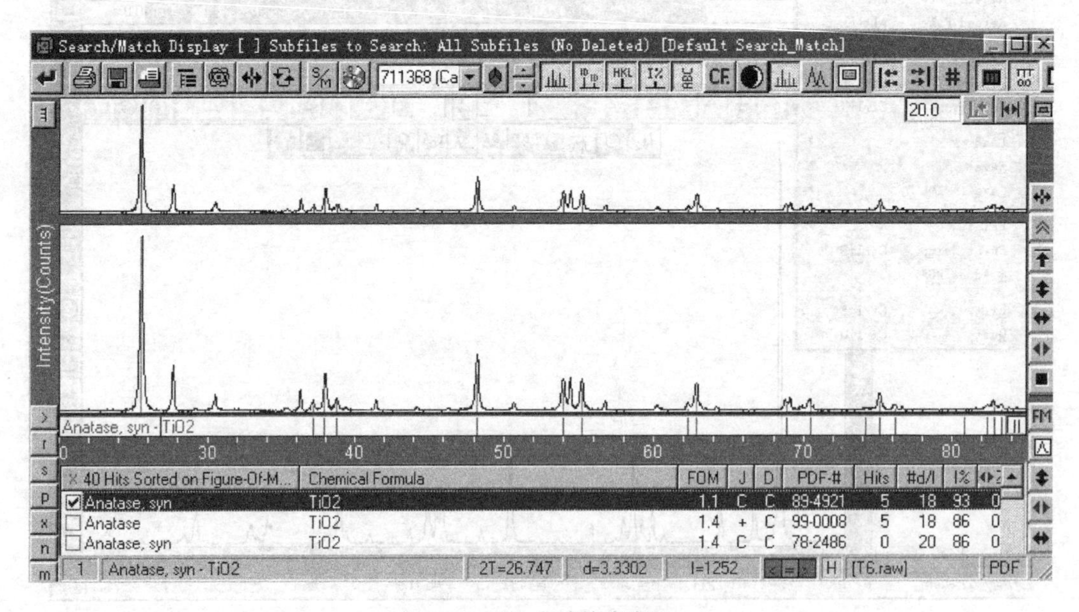

图 5-3　Jade 自动检索窗口

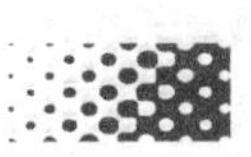

右击窗口顶部工具栏中的“打印预览”图标（图 5-2），如果安装有打印机或打印机驱动，将得到一个图片格式的检索结果（图 5-4），点击 Save 保存。一般专业作图不推荐此方法。直接关闭此窗口。检索完以后，在屏幕右下方的工具被激活，如图 5-5 所示。单击可以获得一些相关信息或者改变显示形式。依次点击相应图标，可先左击再右击鼠标，观察图谱变化。

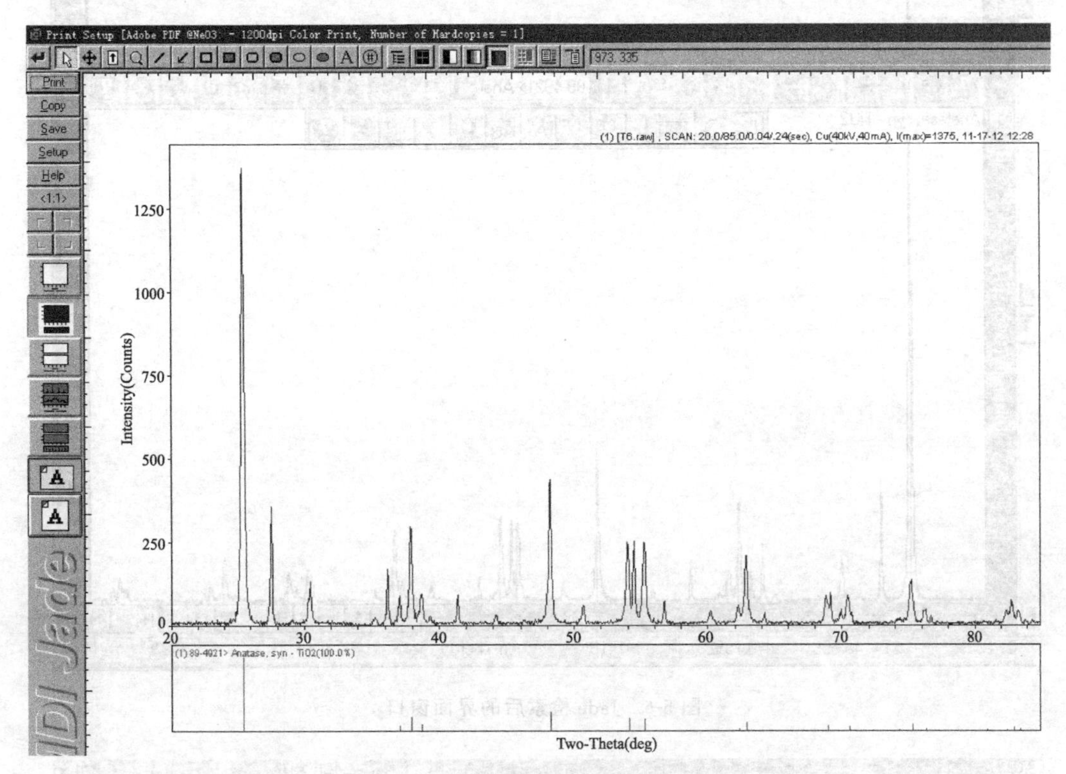

图 5-4　Jade 检索结果打印预览窗口

图 5-5　Jade 快捷注释工具栏

标准衍射数据的导出：检索完成后，得到了测试物的物相信息，此时可以把相关的标准衍射数据导出来方便后续利用 Origin 软件作图。检索完后，主窗口如图 5-6，通过单击标准衍射数据 PDF“覆盖”（Overlay toolbar）工具，如窗口中部的图标“1”所示（圆圈内）。单击后，出现如图 5-7 上部分所示的相应物相的数据窗口。双击小窗口中已经勾选了的 TiO_2 数据条，出现如图 5-7 下部分所示的第二个小窗口（标准衍射峰的相关信息）。单击第二个小窗口中的“保存”图标（圆圈内），保存得到一个包含有标准衍射数据的 .txt 文档（如 PDF＃89-4921. txt）。该数据可以直接导入到 Origin 软件中作出相应的标准衍射数据图谱。把该数据直接导入 Origin 中，删掉不需要的数据，再作图。不过这样导入的数据，通常需要注意两列数据中哪列是 x 值，哪列是 y 值。需要把数列设置为 x 或 y（属性）时，可在该列数据的最上面右击鼠标，在弹出的菜单中选择“Set As”的下拉菜单 x 或者 y，则完成对数据属性的设置（见 5. 2 节 Origin 工程绘图软件的简单使用）。

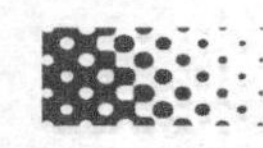

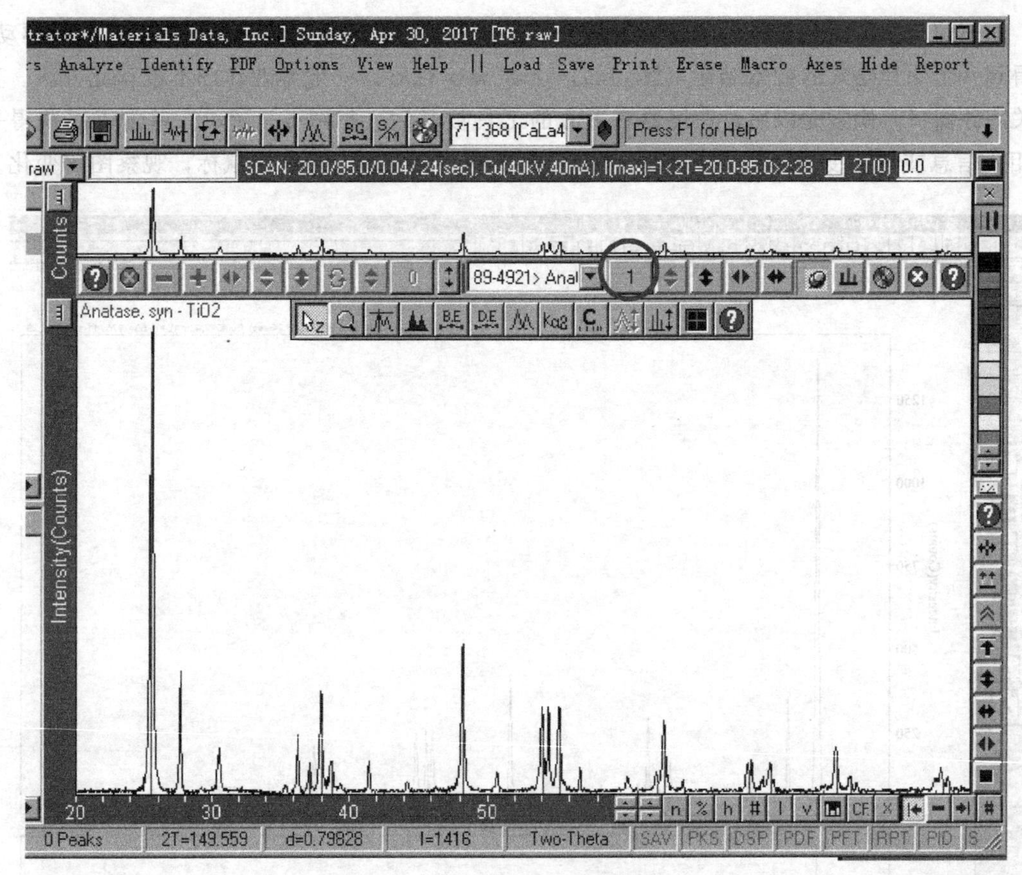

图 5-6　Jade 检索后的界面窗口

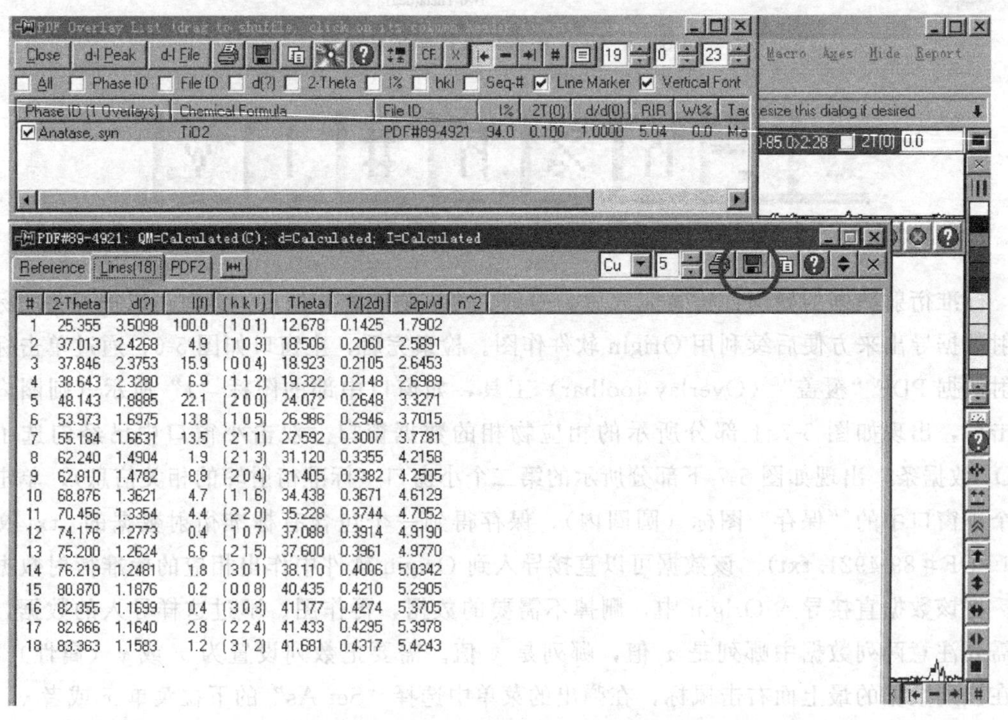

#	2-Theta	d(?)	I(f)	(h k l)	Theta	1/(2d)	2pi/d	n^2
1	25.355	3.5098	100.0	(1 0 1)	12.678	0.1425	1.7902	
2	37.013	2.4268	4.9	(1 0 3)	18.506	0.2060	2.5891	
3	37.846	2.3753	15.9	(0 0 4)	18.923	0.2105	2.6453	
4	38.643	2.3280	6.9	(1 1 2)	19.322	0.2148	2.6989	
5	48.143	1.8885	22.1	(2 0 0)	24.072	0.2648	3.3271	
6	53.973	1.6975	13.8	(1 0 5)	26.986	0.2946	3.7015	
7	55.184	1.6631	13.5	(2 1 1)	27.592	0.3007	3.7781	
8	62.240	1.4904	1.9	(2 1 3)	31.120	0.3355	4.2158	
9	62.810	1.4782	8.8	(2 0 4)	31.405	0.3382	4.2505	
10	68.876	1.3621	4.7	(1 1 6)	34.438	0.3671	4.6129	
11	70.456	1.3354	4.4	(2 2 0)	35.228	0.3744	4.7052	
12	74.176	1.2773	0.4	(1 0 7)	37.088	0.3914	4.9190	
13	75.200	1.2624	6.6	(2 1 5)	37.600	0.3961	4.9770	
14	76.219	1.2481	1.8	(3 0 1)	38.110	0.4006	5.0342	
15	80.870	1.1876	0.2	(0 0 8)	40.435	0.4210	5.2905	
16	82.355	1.1699	0.4	(3 0 3)	41.177	0.4274	5.3705	
17	82.866	1.1640	2.8	(2 2 4)	41.433	0.4295	5.3978	
18	83.363	1.1583	1.2	(3 1 2)	41.681	0.4317	5.4243	

图 5-7　Jade 中标准衍射数据导出窗口

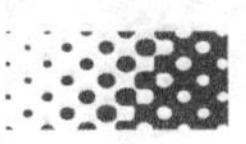

5.2 Origin 工程绘图软件的简单使用

Origin 软件是一款专业的工程作图软件，功能强大，应用广泛。在化学和材料科学领域中用来制作各种谱图，如红外光谱、荧光光谱和 X 射线粉末衍射谱等。Origin 软件的版本较多，其中以 Origin 7.5 和 Origin 8.0 两版的软件主界面差别最大。两者之前和/或之后的版本主界面基本一致。在功能上，Origin 7.5 完全能够满足上述谱图的制作。本节以 Origin 7.5 英文版为例，简单介绍双层 X 射线衍射谱图的制作。

打开 Origin 软件，主界面窗口如图 5-8 所示。作图前，先要导入相应的数据。有两种方法导入数据：①在菜单栏打开“File/Import…”，该下拉菜单下可分别用 Simple single ASSCII 导入单个数据文档和 Multiple ASSCⅡ 导入多个数据文档；②直接复制数据列，粘贴到 Origin 中的表格（Data1）中。第一种方法可以从工具栏中找到对应的快捷工具，例如常用工具导入多个 X 射线粉末衍射数据（txt 数据）。导入数据后，选中 Data1 表格中两列数据，利用菜单栏中的“Plot/Line”或者单击工具栏中的快捷工具都可以作出一个简单的线图。但是专业的作图还需要在此基础上进行相应的调整。

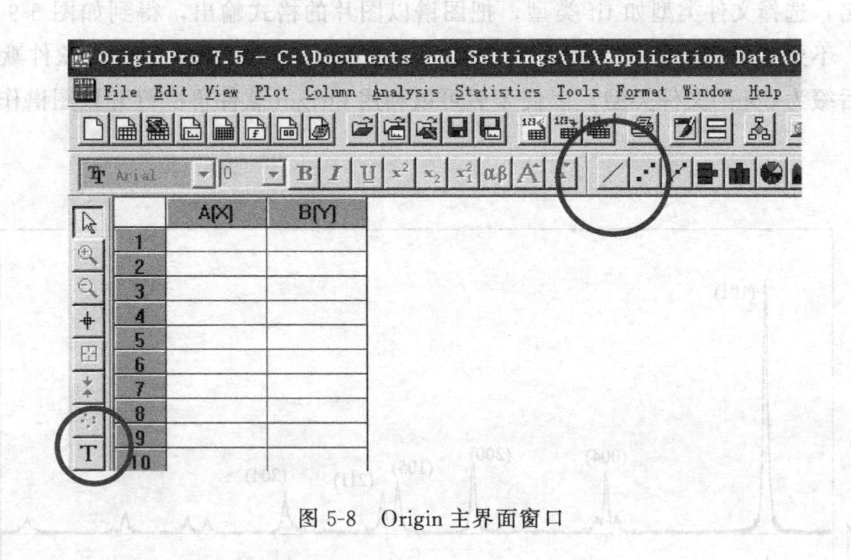

图 5-8 Origin 主界面窗口

要做出如图 5-9 所示的双层图，则需要重新作图。打开 Origin7.5 以后，单击图标，同时导入两个数据，即测试所得的 TiO_2 数据（txt 格式）和从 Jade 中导出的 TiO_2 的标准衍射数据（PDF 89-4921，已经转换为 txt 数据）。选中标准衍射数据，做一简单谱图。然后，点击菜单栏“Tools/Layer”，弹出“Layer”对话框，在该对话框中“Add”项下面，单击第一个图标，则完成在原简单图谱中添加一个新的图层；继续单击“Arrange”，在该界面下设置新加的图层 2。在“Layer Arrangement”下选择“Vertical pan”；在“Margins”中，可把“Vertical”值改为 0；然后单击最下面的“Arrange”图标，完成界面设置。此时，可以观察到原来简单的图谱变得和图 5-9 相似了。也就是说，这时的图谱是包括上下两个图层的双层图。在一个图层中的空白处左击鼠标，选中该图层，然后在菜单栏中打开"View/Show/Frame"，为该图层添加边框。同样操作也为另一图层添加边框。接下来为图层添加内容（绘线作图），右击图谱窗口左上角的图标"2"，在弹出的菜单栏中左击"Layer Content…"，在弹出的对话框的左边选中一数据如 TiO_2.txt，点击中间的"向右"箭头，导入数据，点击"OK"，则软件自动在图层 2 中作出以 TiO_2.txt 数据为内容的图谱。如果在此对话框中选中左边的数据，点击中间"向左"的箭头，点击"OK"后，则移除了该图层中的数据，也就不存在以该数据为内容的图谱。通过此操作，把图层 1 中的数据换成标准衍射数据，图层 2 中的数据换成测试衍射数据。一般情况下都需要把标准衍射数据的图谱设置成垂直的线图，如图 5-9 中的图层 1 所示形式。在图层 1 中，双击已经存在的线图，在弹出的"Plot Details"对话框中，把画图类型"Plot Type"项由"Line"类型改为"Column/Bar"类型；在对话框右边把"Pattern"项下的"Width"值改为 2，还可以通过"Color"项来更改线谱的颜色；把"Spacing"项下把"Gap Between Bars"值改为 100。此外，可以更改或者添加一些文字内容。例如，双击横坐标的标题"X Axis Title"，把它改为"2θ/°"；把纵坐标的标题改为"Relative intensity (arb. units)"。单击窗口左边 **T** 图标，然后在图层中分别单击，在弹出的文本框中输入文字，如表征卡片号"PDF 89-4921"和晶面指标如"(101)"等。作图编辑完成后，在菜单栏中找到"File/Export Page…"，在打开的对话框中输入文件名，选择文件类型如 tif 类型，把图谱以图片的格式输出，得到如图 5-9 形式的图片。最后，不要忘记把所作的图谱通过"File/Save Project"保存为 Origin 软件默认的文件格式，即后缀为 opj 的文件类型，以便今后可以利用 Origin 软件再次打开该图谱作进一步的修改完善。

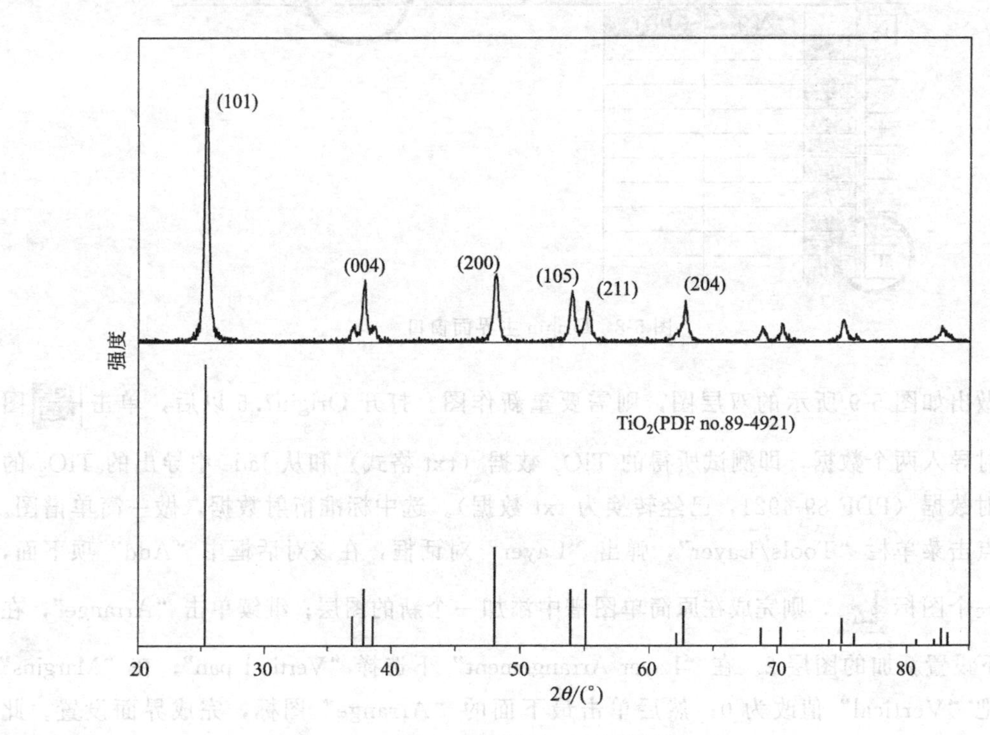

图 5-9 双层 Origin 图示例

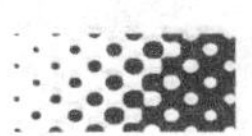

5.3 Diamond晶体结构视图软件的简单使用

Diamond是一款晶体结构视图软件，可用来观看晶体内部结构，并能通过简单作图展示晶体内部结构特征。在学习晶体结构时，利用该软件能够很形象的展示晶体内部结构，帮助学生了解晶体中晶向、晶面以及配位多面体等概念。科研论文撰写时，利用该软件可以结合晶体结构来分析材料的结构和性能之间的内在关系。本节以Diamond 3.1为例，初步介绍晶体结构图的绘制、原子编辑、多面体的搭建等简单操作，希望读者能够以此为基础，根据软件本身提供的用户指南或其他资料进行深入学习。

要绘制晶体结构图，首先必须提供一些必要的晶体结构参数，包括晶胞参数、原子种类和原子坐标等内容。可以通过两种途径来绘制结构图。打开Diamond软件，进入如图5-10所示的软件主界面。

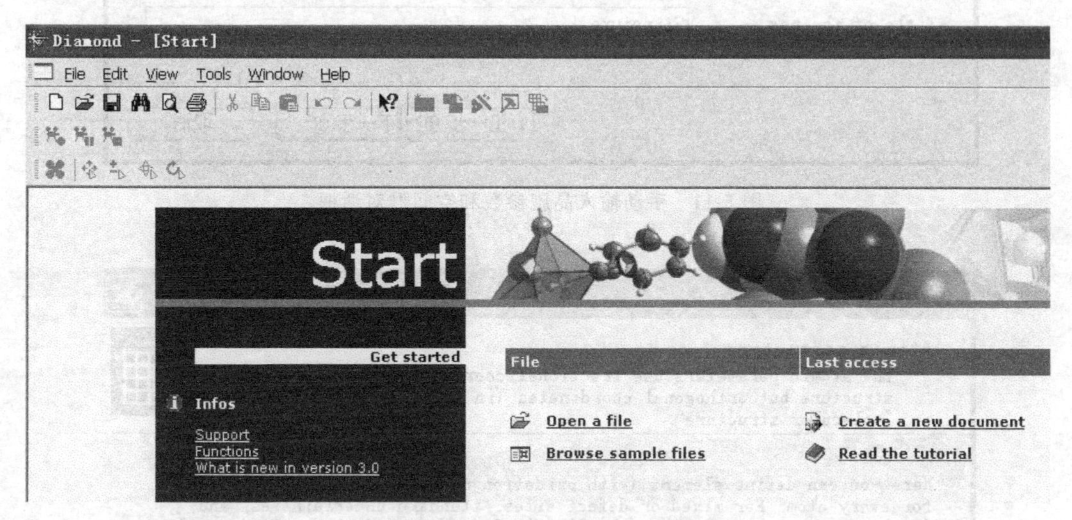

图5-10 Diamond主窗口界面

在主界面，单击“Create a new document”可打开一对话框，选中（默认值）其中的“Create a document and type in structure parameters”，依次单击“OK”和下一界面中的“下一步”，弹出“New Structure”对话框可进行手动输入相关参数，如图5-11。

在该对话框中主要输入空间群符号和六个晶胞参数，输入完后单击“下一步”，弹出输入原子种类和原子坐标的对话框如图5-12。

依次输入元素符号以及对于原子的坐标参数（分数坐标）。多个原子时，通过单击“Add”依次添加，如果输入有误，可在下面的原子列表中选中后利用单击“Delete”删除，然后重新输入。输入完成后，单击“下一步”，在后续弹出的对话框中依次单击“完成”，即可得到晶体结构模型。

通常情况下，可在主界面通过“Open a file”直接打开一个已有的晶体结构数据文件（cif文档），在弹出的对话框中依次单击“下一步”或者完成，可以自动绘制出晶体结构图。通过上述方法绘制的晶体结构图往往不符合使用者的意图，可以通过软件的其他功能进行修饰调整。

New Structure

Cell parameters, space-group, and title

The new structure may be a crystal structure (with cell and space-group) or just a "molecular structure" with atoms only.

Choose if the new structure is a crystal structure (translational symmetry and fractional atom coordinates), or a "molecular structure" (just atoms in

◉ Crystal structure with cell and spac

Space-group　P 1 (1)　Browse...

Cell length a　1　b: 1　c: 1

Cell angle alpha　90　beta: 90　gamma: 90

○ "Molecular structure", no cell, no spa

Title of the new　Structure 1

< 上一步(B)　下一步(N) >　取消

图 5-11　手动输入晶胞参数和空间群对话框

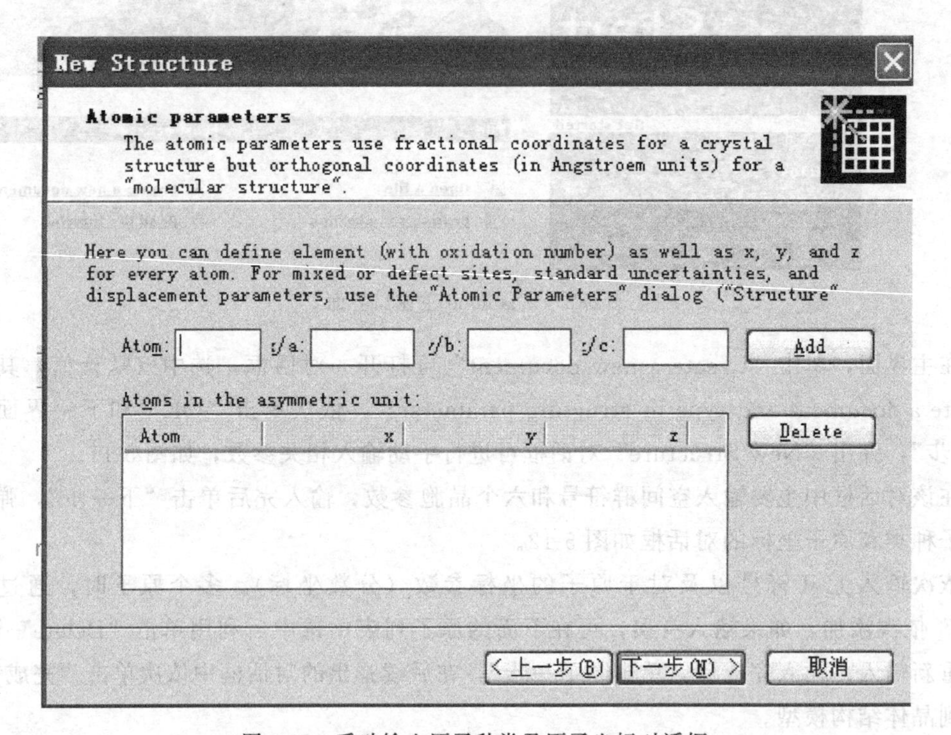

图 5-12　手动输入原子种类及原子坐标对话框

如图 5-13，在新建的晶体结构图主窗口上，在“Picture”菜单栏下，通过打开“Picture/Atom Designs…”下拉菜单，会弹出一个对话框，从中可对原子的形式（Style）、颜色和原子球边界等进行编辑，界面如图 5-14 所示；通过“Picture/Bond Designs…”打开

的对话框可对不同原子间的化学键进行形式、颜色和大小等的编辑修改；通过“Picture/Polyhedrons…”打开的对话框可对配位多面体的形式、颜色和棱边的粗细进行编辑修改；通过“Picture/Viewing Direction…”打开的对话框，可从不同的方向来观察晶体结构，感受晶体内部原子的排列规律。

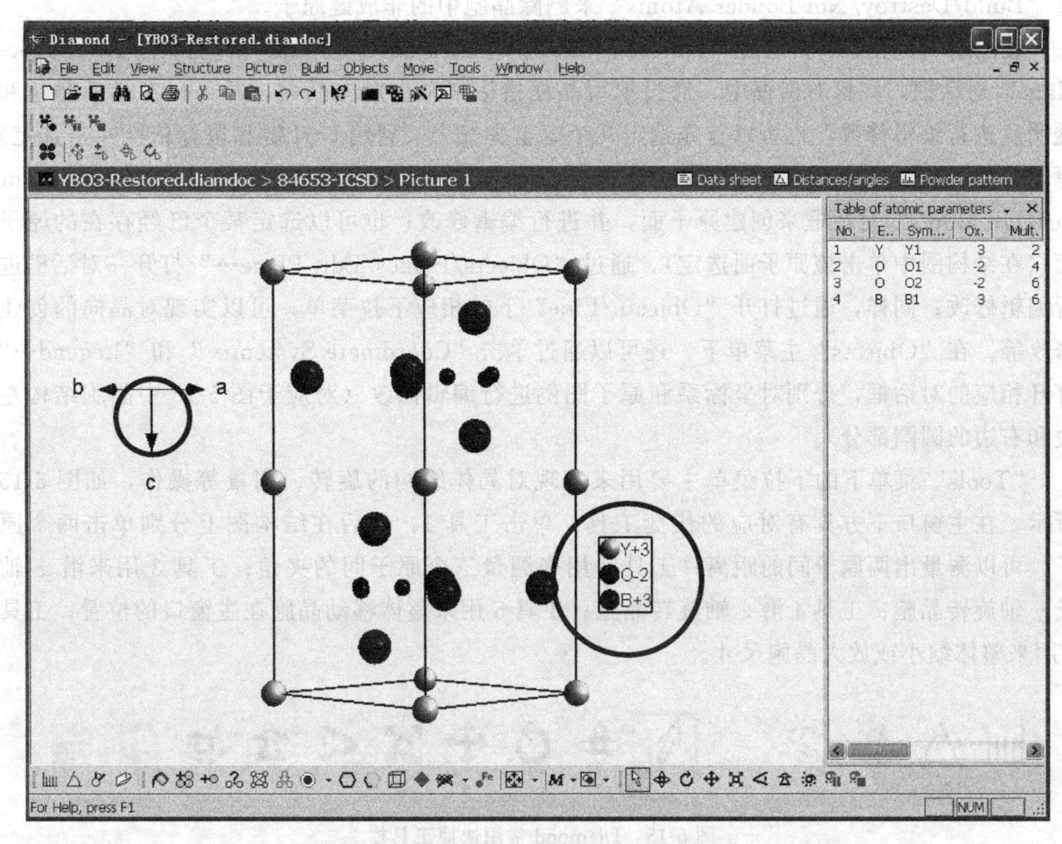

图 5-13 构建晶胞结构后的界面图

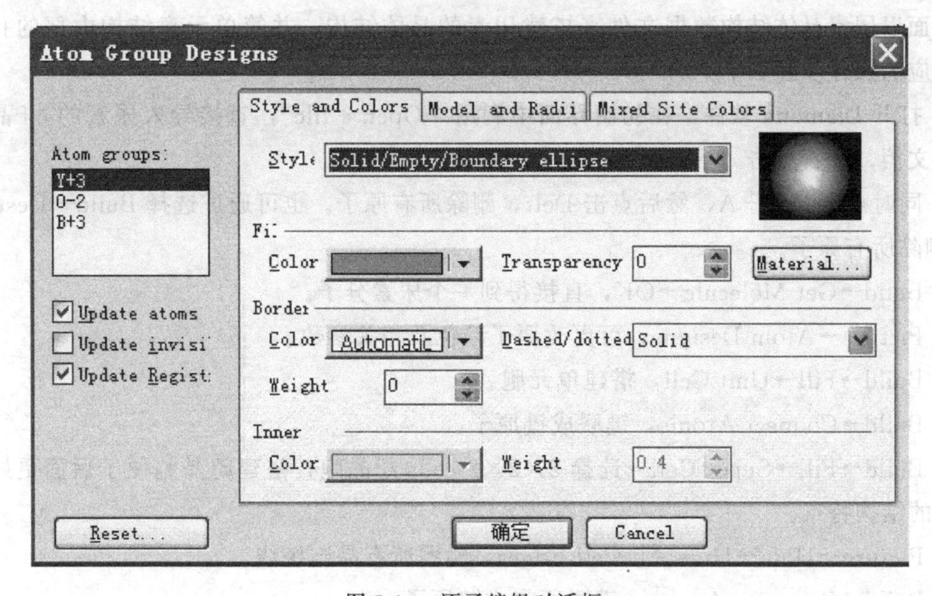

图 5-14 原子编辑对话框

在“Build”菜单栏下，通过“Build/Fill/Super Cell…”打开“Fill super cell”对话框，可以搭建超晶胞（多个单胞在不同方向连接在一起，便于观察内部结构特征）；通过“Build/Ploydron/Add Ploydron…”打开一个对话框可以新建多面体；通过“Build/Destroy”打开下拉菜单，可以单击不同的项来删除图中某些不需要的原子或键，例如，通过“Build/Destroy/Not-Bonder Atoms”来删除晶胞中的非成键原子。

在Objects菜单下，通过“Objects/Planes/Creates Lattice Plane…”打开“Add lattice plane”对话框，在该对话框中，通过填写晶面指标来画出对应晶面，并可以对晶面颜色和透明度进行编辑修改；也可以首先选定几个（至少三个，利用Ctrl键和鼠标依次左击选定）原子，然后通过“Objects/Planes/Creates Plane Through Atoms…”打开一个“Plane through atoms”对话框来创建原子面，并进行编辑修改；也可以选定某个已经存在的原子面（在结构图中单击该原子面选定），通过“Objects/Planes/Edit Plane…”打开一对话框进行编辑修改；同样，通过打开“Objects/Line”下的相应下拉菜单，可以实现对晶向的创建修改等。在“Objects”主菜单下，还可以通过单击“Coordinate System…”和“Legend…”打开相应的对话框，分别对坐标系和原子图例进行编辑修改（对应于图5-13中晶胞结构左边和右边的圆圈部分）。

“Tools”菜单下的下拉菜单主要用来实现对晶体结构的旋转、测量等操作，如图5-15所示，在主窗口下方具有对应的快捷工具。单击工具1，然后在结构图上分别单击两个原子，可以测量出两原子间的距离；工具2用来测量三个原子间的夹角；工具3用来沿x轴或y轴旋转晶胞；工具4沿z轴旋转晶胞；工具5用来整体移动晶胞在主窗口的位置；工具6用来整体缩小或放大晶胞尺寸。

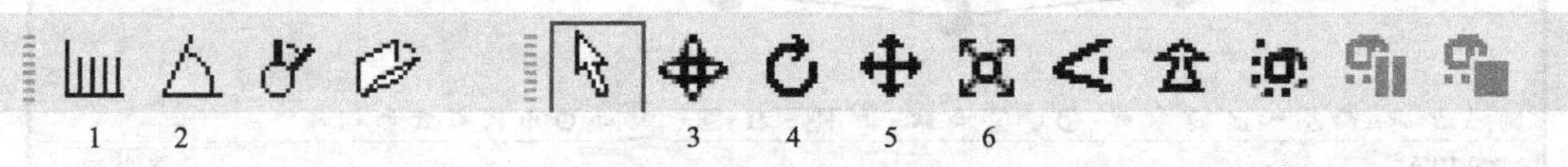

图5-15 Diamond常用快捷工具栏

下面以尿素晶体结构数据文件来搭建尿素的晶体结构，并简单示意结构内部的孔洞结构，相应的操作步骤如下。

① 打开Diamond软件，在初始界面中利用“Open a file”，直接导入尿素的cif晶体结构数据文档，一直点击“下一步”，最后直接点击“完成”。

② 同时点击Ctrl＋A，然后点击Delt，删除所有原子。也可通过选择Build→Destroy→All，删除所有原子。

③ Build→Get Molecule→OK，直接得到一个尿素分子。

④ Picture→Atom Designs，可更改原子颜色及相关参数。

⑤ Build→Fill→Unit Cell，搭建单元胞。

⑥ Build→Connect Atoms，键联成键原子。

⑦ Build→Fill→Super Cell→选择2×2×2 cells超晶胞，搭建超晶胞便于后面更好地体现尿素的结构特点。

⑧ Picture→Hide→Hide All Cell Edges，隐藏所有晶胞棱线。

⑨ Build→Connects Atoms，键联所有成键原子。

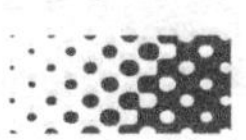

⑩ Build→Get Molecules→Complete All Fragments→OK，补充完善所有的碎片结构。

⑪ Build→Create H-bonds→D-max，设置为 2.4，→Range for angle 中 Max 设置为 180。Donor 中选择 N，Acceptor 中选择 O，点击 OK。可改变最大值（D-max）的数值，观看氢键的数量和合理性。

⑫ Tool→Measure Distances，可以测量原子间的距离，例如氢键的长短。

⑬ Picture→Viewing Direction，设置观察方向，可从不同轴向、晶向、晶面方向观察。

⑭ Move→Rotate Along/x，y，手工调整方向，便于观察。

⑮ Picture→Viewing Direction→选择 c 方向，然后选择图片中间位置同一个四方形中对角的两个氧原子（按 Ctrl 然后依次点击对角的两个氧原子）。

⑯ Structure→Insert Atom→Ok，在两个氧原子的中心位置插入哑原子（虚拟原子）。

⑰ Picture→Viewing Direction→勾选 Opposite Direction，同时选择 c 方向→Close，然后选择图片中间位置，同一个四方形中对角的两个氧原子。

⑱ Structure→Insert Atom→OK，插入另一个哑原子（此时在上一个哑原子的反背方向上生成另一个哑原子），在同一条线上至少插入四个假原子。也可直接插入四个假原子，坐标可定为（0，0，2），（0，0，−2），（0，0，0.8），（0，0，−0.8）。

⑲ Move→Rotate Along/x，y，手工调整方向，便于同时观察到两个哑原子。

⑳ Build→Insert Bonds→分别点击两个哑原子，实现键联哑原子。

㉑ Picture→Atoms Edit→设计、编辑哑原子，? 表示哑原子，颜色红色，半径 1.5。

㉒ Picture→Bonds Edit→设计、编辑哑原子之间的键（?-? 表示），颜色红色，半径 1.5。

㉓ 选择编辑后的键两端的假原子，Picture→Atoms Edit，在第一个框中选择最下一个 Invisible，使键两端变平整。

㉔ File→Save As，根据目的保存为不同的图片格式，如 Save Graphics As 可保存为 bmp，gif，tif 等图片格式。

注意：相关操作可利用相应快捷键实现。

5.4 Microsoft Office Word 文字编辑软件的简单使用

Microsoft Office Word 软件是一个最常用的文字录入编辑软件。软件发展至今，出现的最高版本是 Word 2010。事实上，软件功能够用就行，并不是版本越高越好。成熟软件的高版本往往只是在形式上和某些功能上有所改进。例如，在科研投稿过程中，大多数期刊杂志对于用 Word 软件进行文字处理时明确要求软件版本为 Word 2003 版。鉴于部分同学在论文撰写及平时使用过程中表现出来的一些不足，下面以 Word 2003 为例，介绍该软件使用中的一些简单技巧与方法，如果需要全面深入了解该软件，宜阅读相关的专业书籍。

其一，在文字输入的时候，不宜对文字进行编排设计，可以以空白 Word 文档的默认格式进行输入。当所有文字输入完成后，再进行文字的编排设计工作。如果感觉默认格式中字体过小（字体大小默认为 5 号），在菜单栏“格式/字体/字体”对话框中进行更改。例如，可以把字体改成小 4 号。小 4 号可以满足大多数情况下的字号要求。中文字体在大多数情况下可设置为默认的宋体字。其他的一般不需要更改。例如，西文字体默认为“Times New

Roman”，则输入的所有英文和数字都是该种字体。如果感觉默认的单倍行距看起来费力，可以在菜单栏“格式/段落/缩进和间距”对话框中进行更改，一般情况下建议只更改行距为2倍行距。普通文字撰写或者科技论文投稿中，一般都要求文字行间距为2倍行距。

其实，如果是平时的普通输入，建议采用默认格式。为便于输入和阅读的需求，可以在“工具栏”找到文档“显示比例”框，把该框的数值调整为150%或者200%（默认为100%）。采用默认格式输入，主要是为了方便后续对文字的排版设计。

其二，文字录入完成后，对于小篇幅的文字内容，如一两页文字，可以先同时按住Ctrl和A两个键，选中所有的文字内容，然后利用菜单栏中的“格式/字体/字体”和“格式/段落/缩进和间距”进行字体和行间距等的设置。对于大篇幅的文字内容，如撰写的毕业论文，通常需要设置标题和小标题等，不同的段落之间的格式也可能不同，这时做法最好是利用菜单栏中的“格式/样式和格式”对话框进行文档的编排设计。左键单击“格式/样式和格式”后，在文档的右边出现样式和格式设置对话框，单击上面的“新样式”图标，打开“新建样式”对话框，如图5-16所示。通常，对于正文文字内容的格式设置，只需要①在属性名称中设置拟定的名称如“样式2”；②在左下角“格式”中打开下拉菜单，分别选择字体、段落进行相关设置。对话框中间部分默认显示的是字体设置部分。设置方法和菜单栏中“格式/字体/字体”的方法一样，然后单击对话框中的“确定”图标，这样所设置的格式被以名称

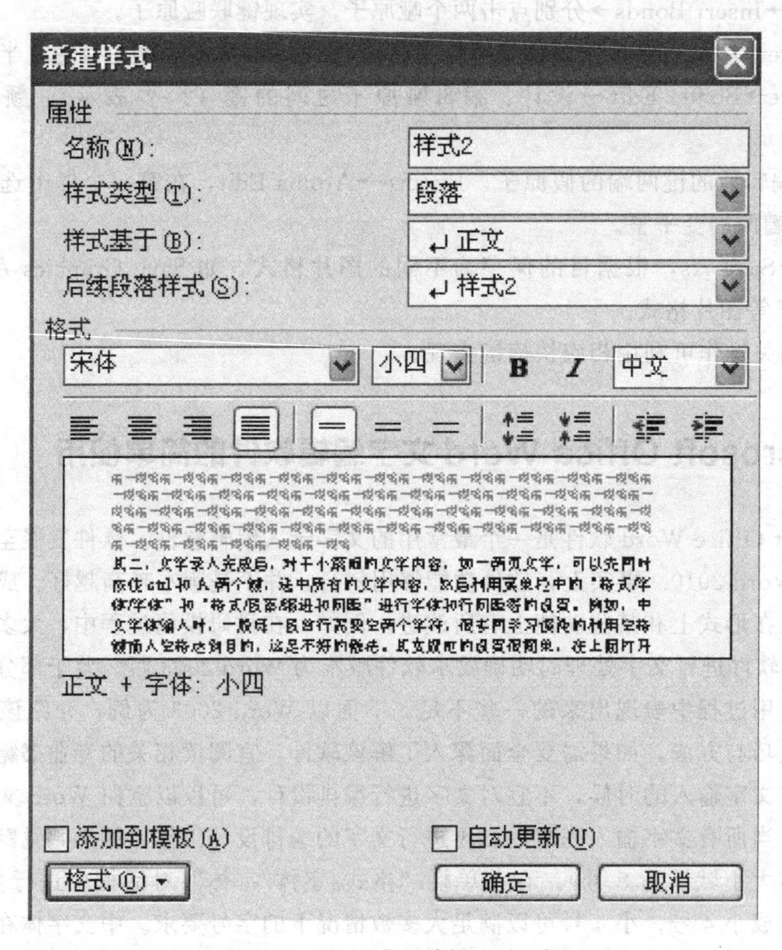

图5-16 Word中新建样式对话框

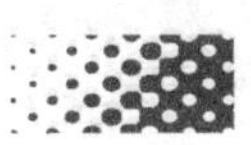

“样式 2”保存下来。这样新建“样式 2”被保存在文档右边的“样式和格式”的下拉菜单中。这样做的好处在于，对于文档中具有该相同格式要求的段落，选择相应段落后，单击“样式 2”就完成了格式的设置。

其三，上述“新建样式”对话框另外一个常用的重要用途就是关于文档目录的设置。对于目录的设置，只需要在属性名称中设置拟定的名称，例如“一级标题”，然后在“样式基于”后面的下拉菜单中，选择“标题 1”，即完成一级标题的设置。在“样式基于”后面的下拉菜单中选择“标题 2”，即完成二级标题的设置。对于标题的字体和行间距的设置可参考上面第二点进行设置。最后，单击对话框中的“确定”图标，这样所设置的格式被以名称“一级标题”保存下来。依次选中文档中的所有要设置的一级标题，在文档右边“样式和格式”对话框中的下拉菜单中单击“一级标题”就完成了一级标题的设置。依此，可完成二级、三级等小标题的设置。这时，可以在文档的首页自动生成目录，具体操作为：在文档首页点击“插入/引用/索引和目录/目录”打开目录设置对话框，如图 5-17 所示。一般只需要更改“显示级别”为 3 即可（显示 3 级目录），然后按“确认”图标，即可自动生成相应的目录。

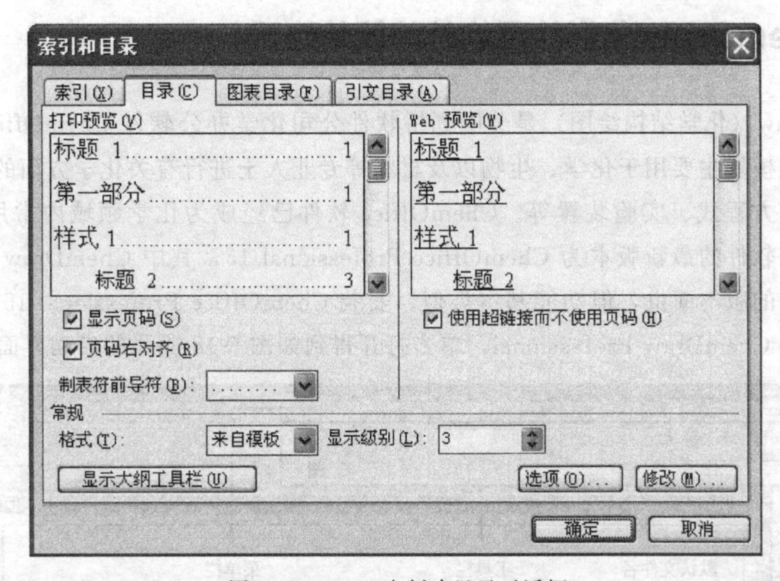

图 5-17 Word 中创建目录对话框

其四，化学式或反应式的输入可以直接利用 Word 软件编写，也可以利用 Word 附带的公式编辑器编写，也可以用其他的专门软件如 Chem Draw 编写好后插入到文档中。Word 附带的公式编辑器可通过如下路径插入编写，即通过菜单栏中的“插入/对象/新建”，在新建对话框的“对象类型”下拉菜单中找到“Microsoft 公式 3.0”，单击鼠标左键后可在打开的界面进行公式编写。如果直接在文档中对简单的化学式如 SO_4^{2-} 进行编辑，如果记住两个快捷键可提高编写速度，即上下标快捷键。选中要编辑的数字或文字，然后同时按住“Ctrl”、“Shift”和“＋”三个键可得到上标；同时按住“Ctrl”和“＋”两个键可得到下标。

其五，在文档中，一般都要求把英文字母、数字以及希腊字母设置为“Times New Roman”字体。如果文档中这些文字输入时采用的是宋体等中文字体，可以通过如下简单方式进行更改，即同时按住“Ctrl”和“A”两个键，选中所有的文字内容，然后在工具栏中把“字体框”中的字体格式（默认字体一般为宋体）改成 Times New Roman，中文文字可保持原来的字体格式，而英文字母等改成了 Times New Roman 字体。

其六，在文字录入编辑中，有两个常见的不良习惯。第一个就是关于每一段落首行空两个字符的操作；第二个是关于两个段落要求分布在相邻的两个页面。中文字体输入时，一般每一段首行需要空两个字符，很多同学习惯性的利用空格键插入空格达到目的，这是不好的做法。其实规范的设置很简单，在打开的字体设置对话框把“特殊格式”后面的栏目设置为首行缩进 2 字符即可。关于分页，很多同学习惯性的操作就是利用回车键把不同的段落分布在不同的页面，这种做法是不规范的。往往由于后继的修改编排，会改变这种一时看上去比较舒服的文档格式。例如，假如在前一段文字中减少一行文字，则后面的段落会上提一行而与第一段落在了同一个页面。规范的做法是，把在段落的首字符前面单击鼠标，插入文字显示光标，然后再菜单栏中选择“插入/分隔符”打开分隔符对话框，在“分隔符类型”中选中“分页符”，单击确定即可。此时，不管怎样对前一段进行操作，都不会对该段造成任何影响。

5.5 ChemDraw 化学绘图软件的简单使用

ChemDraw（化学结构绘图）是美国剑桥软件公司化学办公软件 ChemOffice 中的一个重要模块。该模块主要用于化学、生物以及材料等专业人士进行有关化学方面的绘图如书写分子式、反应方程式、实验装置等。ChemOffice 软件已经成为化学领域内常用软件之一。迄今为止，该软件的最新版本为 ChemOffice Professional 15，其中 ChemDraw 也伴随有更新，并有不同的版本面世，但功能基本类似。安装 ChemOffice Professional 15 软件后，在程序组中找到 ChemDraw Professional，单击打开得到如图 5-18 所示的启动界面。

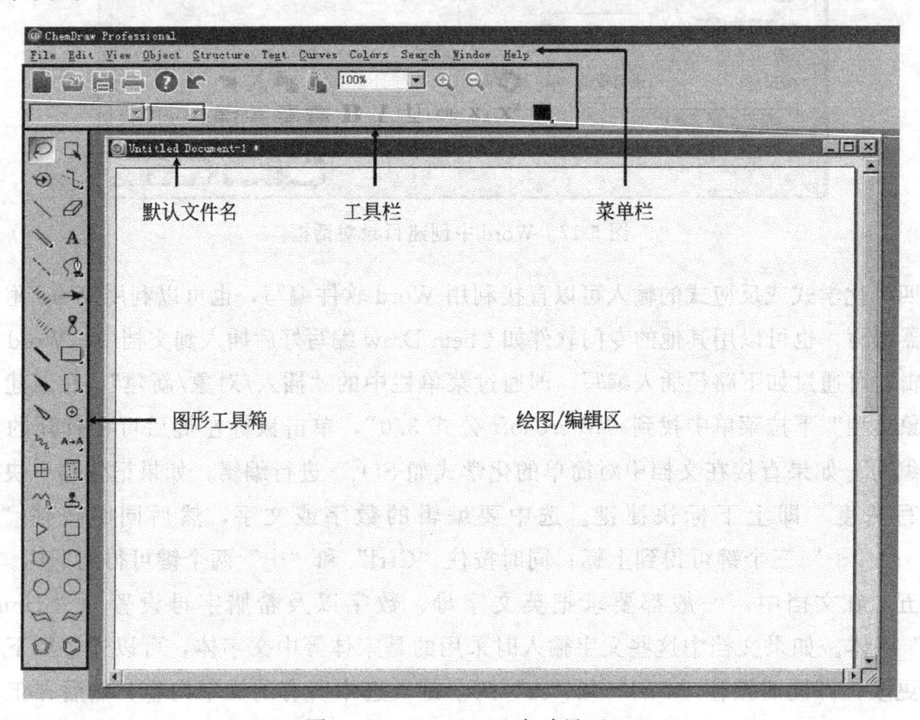

图 5-18　ChemDraw 启动界面

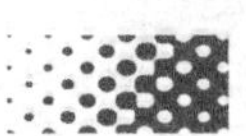

通常，在进行绘图编辑前，通过上述界面进行两种常见设置以便于编辑绘图。其一，通过菜单栏的 View 的下拉菜单，在界面上显示或者隐藏某些工具栏或者信息窗口；其二，通过单击菜单栏中的“File（文件）”/“Document Setting（文档设置）”命令，打开“Document Setting”对话框，对 ChemDraw 中将要建立的文档相关参数进行设置，如图5-19所示，包括当前文档的页面布局、绘图、文本以及颜色等。在 Document Setting 对话框中的8个选项中，Layout 主要是对页面打印时的一些设置，如文档类型、文档尺寸、页边距等；Header/Footer 是对页眉和页脚进行设置；Drawing（绘图）选项卡中参数的修改会改变当前页面中的化学键参数，例如键角 Chain Angle，键间距离 Bond Spacing，固定化学键长度 Fixed Length，黑体键和楔键宽度 Bold Width，所有线宽度 Line Width，化学键与原子接触部分的空间量 Margin Width，以及切割键之间的距离 Hash Spacing 等等；Text Caption 是对相关文本标题进行设置，如字体、字体大小等；Atom Label 原子标记是对文档中的元素符号进行设置，如字体、字体大小等；Color 是对文档背景色和前景色等进行设置；此外还包括 Property Label 性质标记和 Biopolymer Display 生物高分子显示等方面的设置。

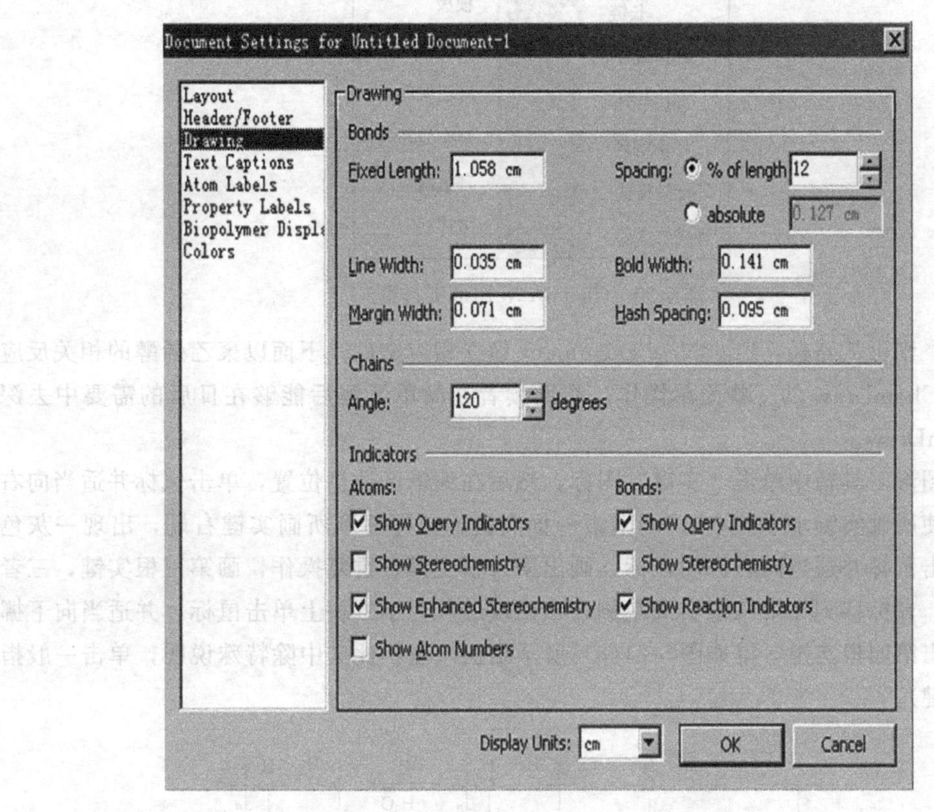

图5-19 ChemDraw 的文档设置对话框

如图5-20所示，图形工具箱中汇聚了各种工具方便用户绘制化学结构式。使用工具箱时，单击相应工具图标，然后在绘图/编辑区适当位置再次单击即可画出图标所示图形。若工具图标右下角有三角形时，鼠标指针移到三角形上，然后单击左键不松，可在弹出的子面板中的众多类似工具中进行选择。

打开 ChemDraw 软件后，在启动界面会自动建立默认文件名为“Untitled Document-1”

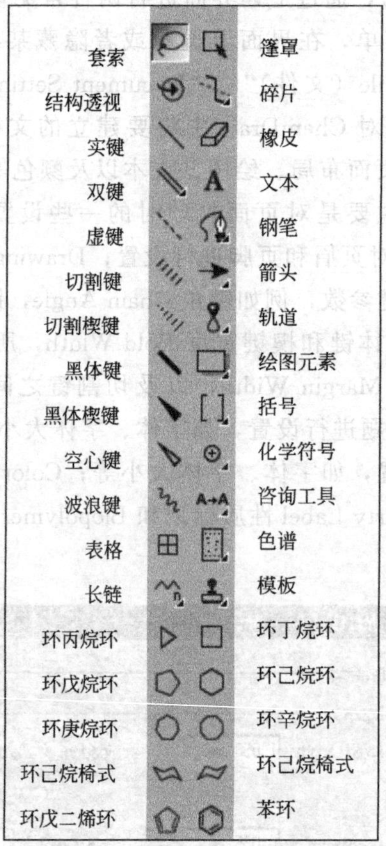

图 5-20　ChemDraw 图形工具箱

文件，如无，则可从路径：File/New Document 建立相应文件。下面以聚乙烯醇的相关反应为例，介绍 ChemDraw 的一些简单操作，帮助读者在简单了解后能够在日后的需要中去深入学习 ChemDraw。

(1) 在图形工具箱中单击“实键”图标，然后在编辑区适当位置，单击鼠标并适当向右挪动鼠标（使所画实键水平向右），画出第一根实键；鼠标移到所画实键右端，出现一灰色小方块，单击鼠标并适当向右挪动鼠标，画出第二根实键；重复操作，画第三根实键，三者连成一直线；鼠标移到在第三根实键左侧，在出现的灰色小方块上单击鼠标，并适当向下挪动鼠标，画出第四根实键，得如图 5-21(a) 所示结构（注：此文中除特殊说明，单击一般指单击鼠标左键）。

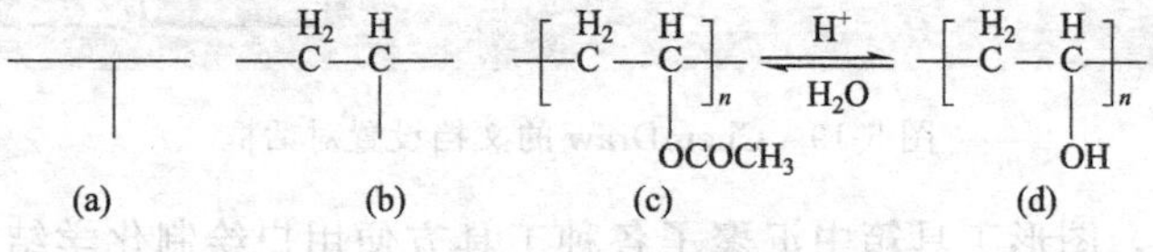

图 5-21　ChemDraw 中结构式的输入

(2) 在图形工具箱中单击“套索”图标，此时刚刚所画的图 5-21(a) 会被选中，鼠标移到编辑区空白处单击，取消选中；鼠标移到第一根实键的右端，出现灰色小方块时，通过键盘，输入字母 C，此时在灰色小方块出会自动添加 CH_2 基团；同理，可在第二根实键右端

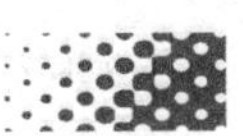

自动添加 CH 基团，得如图 5-21(b) 所示。

(3) 在图形工具箱中单击“文本”图标，鼠标移到第四根实键下端，出现灰色小方块处单击鼠标，出现文本输入框（此时工具栏中的文本工具栏被激活，颜色由灰色变成黑色），在框中输入大写的“OCOCH”和数字“3”，其中“3”会自动变成下角形式；在图形工具箱中单击“括号”图标，然后鼠标分别移到第一和第三根实键中央，分别出现灰色长条方块，分别单击方块，自动添上方括号；在图形工具箱中单击“箭头”图标不松手，在弹出的箭头面板中选择合适的双箭头，在图 5-21(c) 右侧单击鼠标，添加箭头；最后通过“文本”操作，依次在相应位置输入“n”，“H＋”和“H_2O”，分别选中其中的“＋”和“2”，然后分别单击文本工具栏中的 X^2 和 X_2 图标，把“＋”和“2”分别变成上标和下标形式。

(4) 通过上述方法，可以输入图 5-21(d) 所示结构式。也可以利用复制的方法简单获得，即单击图形工具箱中的“篷罩”图标，然后选中图 5-21(c) 中结构式（在结构式附近单击鼠标不松，拖动鼠标使出现的虚线框覆盖结构式），在选中的结构式上右击鼠标，在弹出的面板中单击“Copy”命令，然后在编辑区的适当位置右击鼠标，在弹出的面板中单击“Paste”，然后把复制的结构中的 $OCOCH_3$ 通过“文本”工具改成“OH”（选中后直接删除，然后输入 OH)。

(5) 根据上述方法，可以进一步绘制图 5-22 中的反应表达式，其中不同在于曲线箭头的绘制。如图 5-22(a)，在图形工具栏中单击“钢笔”图标，接着在菜单栏选择“Curves/Full a Row at End”（单击），然后在相应“C”附近单击鼠标不松，拖动鼠标指向对应“O”，可画出图中的曲线箭头。但鼠标指向曲线上时，在曲线中部会出现灰色小方块，单击鼠标，曲线被选定，此时可以对曲线的位置、弧度等进行调节。依此画出图 5-22(b) 中的曲线箭头。

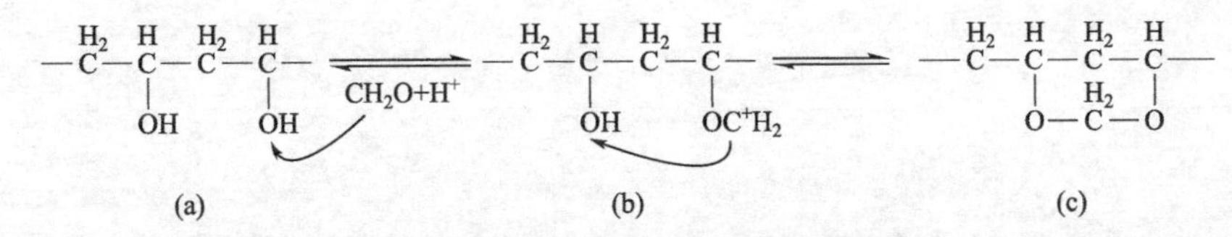

图 5-22 ChemDraw 中曲线箭头的绘制

(6) 要得到图 5-22(c) 所示结构式，可以复制图 5-22(b) 中结构，然后把其中的“OH”，“OC^+H_2”以及曲线箭头删除，得到图 5-23(a) 结构；鼠标单击图形工具栏中的“实键”图标，然后鼠标移到图中第一个竖实键下方，依次添加两个实键。第二个实键添加时，单击鼠标不松，拖动鼠标到第二个竖实键下端，出现灰色小方块时松开鼠标，此时可连接形成图 5-23(b) 结构；通过“套索”工具，分别在相应位置直接添加“O”，“C”和“O”（其中输入“C”时会直接生成“CH_2”基团)，鼠标指针直接指向“CH_2”基团，在“CH_2”周围出现一个灰色方框，单击鼠标不松，轻轻向上挪动鼠标指针至“CH_2”与“O”处于水平位置，松开鼠标左键，实现结构形式的改变。此外，选中图 5-23 中的三个结构式，鼠标指针移到结构式上，单击鼠标右键，出现一面板，在面板中单击“Object Setting…”，在打开的对话框中，可以改变一些相关参数，如默认状况下打开的“Drawing”选项中，实键的默认长度（Fixed Length）为 1.058cm，把该数值改为 0.8cm，则选中的三个结构式中的实键全部缩短为 0.8cm，这样可能便于编辑排版。

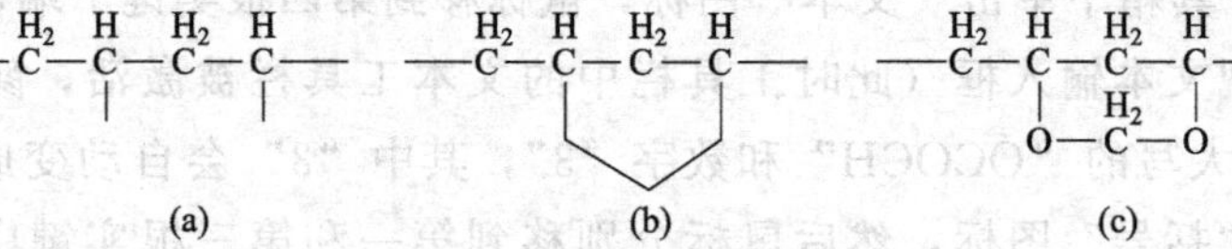

$—C(H_2)—C(H)—C(H_2)—C(H)—$　　$—C(H_2)—C(H)—C(H_2)—C(H)—$　　$—C(H_2)—C(H)—C(H_2)—C(H)—$ (O—C(H_2)—O)

(a)　　(b)　　(c)

图 5-23　ChemDraw 中结构式的变换

此外，可以通过单击图形工具箱中的“模板”图标中的黑色三角形不松手，把鼠标指针挪动到相应的子面板上的“Clipware Part1”或者“Clipware Part2”，可以调出丰富的实验装置工具，帮助用户绘制实验装置图。

附录

1 常用市售浓酸浓碱的浓度（293K）

试剂名称	密度/(g/cm³)	质量分数/%	浓度/(mol/L)
浓盐酸	1.19	38	12
浓硝酸	1.42	69	16
浓硫酸	1.84	98	18
浓磷酸	1.7	85	14.7
冰醋酸	1.05	99	17.5
浓氨水	0.90	28	14.8

2 常用气体钢瓶颜色标志

气体类别	瓶身颜色	横条颜色	字体颜色
氮气	黑	棕	黄
氢气	深绿		红
二氧化碳	黑		黄
氨气	黄	白	黑

3 实验筛筛孔尺寸与目数

目数是每平方英寸实验筛上的孔的数目，500 目就是有 500 个筛孔。1in＝25.4mm。目数越大，孔径越小。一般来说，目数×孔径（微米数）＝15000。比如，500 目筛网的孔径是 30μm 左右。由于编织实验筛时用的材料（筛丝）的粗细不同，不同国家的标准中相同目数对应的孔的尺寸大小存在差别。我国使用的是美国标准，可用上面公式进行估算。

目号	尺寸/μm	目号	尺寸/μm	目号	尺寸/μm
10	1700	120	120	325	45
16	1000	150	106	400	38
24	700	180	80	500	25
32	500	200	75	800	18
48	300	250	58	1000	13
100	150	300	48	2000	6.5

参考文献

[1] Brandley D. Materials chemisty. Fahlman，Springer，2007.

[2] Anthony R. West. Solid state chemistry and its applications. second edition. Wiley，2015.

[3] 陈远道，陈贞干，左成钢．无机非金属材料综合实验．湘潭：湘潭大学出版社，2013.

[4] 徐祖耀，黄本立，鄢国强．材料表征与检测技术手册．北京：化学工业出版社，2009.

[5] 曾毅，吴伟，刘紫微．低电压扫描电镜应用技术研究．上海：上海科学技术出版社，2015年．

[6] 李梅君，徐志珍等．无机化学实验．第4版．北京：高等教育出版社，2007.

[7] 赵斌．有机化学实验．第2版．青岛：中国海洋大学出版社，2013.

[8] 尹荔松，周歧发，唐新桂，林光明，张进修．溶胶-凝胶法制备纳米 TiO_2 的胶凝过程机理研究．功能材料，1999，30(4)：407-409.

[9] 吴美芳，李琳．有机化学实验．北京：科学出版社，2013.

[10] 邱进俊，刘承美．现代高分子化学实验与技术．武汉：华中科技大学出版社，2008.

[11] 潘清林 主编．材料现代分析测试实验教程．北京：冶金工业出版社，2011.

[12] 左演声，陈文哲，梁伟．材料现代分析方法．北京：北京工业大学出版社，2000.

[13] 翁诗甫．傅里叶变换红外光谱仪．北京：化学工业出版社，2005.

[14] 陈敬中．现代晶体化学——理论与方法．北京：高等教育出版社，2001.

[15] 郑静，汪敦佳，王国宏．固体酒精的制备实验．湖北师范学院学报(自然科学版)，2005，25(2)：67-69.

[16] 刘属兴．陶瓷矿物原料与岩相分析．武汉：武汉理工大学出版社，2007.

[17] 都有为，李正宇，陆怀先，顾本喜，王桂琴．FeOOH生成条件的研究．物理学报，1979，28(5)：705-711.

[18] 苏言杰，张德，徐建梅，王辉．柠檬酸盐凝胶自燃烧法合成超细粉体．2006，20(5)：142-144.

[19] 冯胜雷，梁辉，王科伟，李维克．Pechini法制备 $LiCoO_2$ 机理的研究．无机材料学报，2005，20(4)：976-980.

[20] 卢传竹，赵华，李会鹏，赵晓隆，李智超．4A分子筛的水热法合成工艺研究．日用化学工业，2014，44(12)：676-679，687.

[21] 柴雅琴，莫尊理，周娅芬，岳凡，杨骏．无机物的制备．北京：科学出版社，2014.

[22] 仇满德，王晓燕，李旭，宋常英，李晓幸．水热法合成羟基磷灰石的微分析研究．人工晶体学报，2013，42(9)：1965-1971.

[23] 朱启安，陈万平，宋方平，王树峰．(Ba，Sr) TiO_3 纳米棒的反相微乳法制备与表征．化学学报，2007，65：470-477.

[24] 李维，应皆荣，万春荣，姜长印，唐昌平，雷敏．以 $NH_4FePO_4 \cdot H_2O$ 为前驱体微波法合成 $LiFePO_4$ 及其性能研究．稀有金属材料与工程，2007，36(6)：1046-1050.

[25] 徐志刚，程福祥，周彪，廖春生，严纯华．$CoFe_2O_4$ 纳米材料的燃烧法合成及磁性研究．科学通报，2000，45(17)：1837-1841.

[26] 何卫东．高分子化学实验．合肥：中国科学技术大学出版社，2009.

[27] 杨妮等．有机玻璃仿水晶像制作．2010，38(5)：122-124.

[28] 麻明友．偶氮二异丁基盐酸脒引发甲基丙烯酸甲酯微球的无皂乳液聚合．材料科学与工程学报，2004，24(4)：871-873.

[29] 沈海军，李绵贵．影响丙烯酸酯乳液聚合的因素．胶体与聚合物，2008，26(1)：43-45.

[30] 赵鸿声．陶瓷制作．北京：印刷工业出版社，1994.

[31] 西北轻工业学院等编．陶瓷工艺学．北京：中国轻工业出版社，1980.

[32] 伍洪标主编．无机非金属材料实验．北京：化学工业出版社，2002.

[33] 杨勇辉，孙红娟，彭同江．石墨烯的氧化还原法制备及结构表征．无机化学学报，2010，26(11)：2083-2090.

[34] 李孝红，吕培芝，袁小燕，彭章义．稀土-丙烯酸共聚物配合物水溶液稳定性的研究．稀土，1998，19(6)：9-13.

[35] 孙同明，汤艳峰，朱金丽．低分子量聚丙烯酸的制备工艺研究．南通大学学报(自然科学版)，2008，7(1)：58-61.

[36] 郑雪琳，翁家宝，刘成峰，孙萃玉．聚丙烯酸镍纳米微球的制备及表征．福建化工，2003，1：4-6.

[37] 汪丽梅，窦立岩．材料化学实验教程．北京：冶金工业出版社，2010.

[38] 黄淑芬，王小妹，马志平．正硅酸乙酯制备无机耐高温涂料的研究．涂料工业，2012，42(1)：46-49.

[39] 杨森，吴艳梅，姚白．胶水级聚乙烯醇缩甲醛的实验条件探索．山东化工，2016，45：19-21，25.

[40] 曾炜，孙延辉，李红霞．Chemoffice 2008 实用教程．北京：化学工业出版社，2009.